Mechanik, Werkstoffe und Konstruktion im Bauwesen

Band 72

Reihe herausgegeben von

Ulrich Knaack, Darmstadt, Deutschland

Jens Schneider, Darmstadt, Deutschland

Johann-Dietrich Wörner, Darmstadt, Deutschland

Stefan Kolling, Gießen, Deutschland

Institutsreihe zu Fortschritten bei Mechanik, Werkstoffen, Konstruktionen, Gebäudehüllen und Tragwerken. Das Institut für Statik und Konstruktion der TU Darmstadt sowie das Institut für Mechanik und Materialforschung der TH Mittelhessen in Gießen bündeln die Forschungs- und Lehraktivitäten in den Bereichen Mechanik, Werkstoffe im Bauwesen, Statik und Dynamik, Glasbau und Fassadentechnik, um einheitliche Grundlagen für werkstoffgerechtes Entwerfen und Konstruieren zu erreichen. Die Institute sind national und international sehr gut vernetzt und kooperieren bei grundlegenden theoretischen Arbeiten und angewandten Forschungsprojekten mit Partnern aus Wissenschaft, Industrie und Verwaltung. Die Forschungsaktivitäten finden sich im gesamten Ingenieurbereich wieder. Sie umfassen die Modellierung von Tragstrukturen zur Erfassung des statischen und dynamischen Verhaltens, die mechanische Modellierung und Computersimulation des Deformations-, Schädigungs- und Versagensverhaltens von Werkstoffen, Bauteilen und Tragstrukturen, die Entwicklung neuer Materialien, Produktionsverfahren und Gebäudetechnologien sowie deren Anwendung im Bauwesen unter Berücksichtigung sicherheitstheoretischer Überlegungen und der Energieeffizienz, konstruktive Aspekte des Umweltschutzes sowie numerische Simulationen von komplexen Stoßvorgängen und Kontaktproblemen in Statik und Dynamik.

Tamara van Roo

Einfluss der Oberflächenrauigkeit auf die mechanischen Eigenschaften hochorientierter kurzglasfaserverstärkter thermoplastischer Polymere

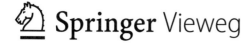

Tamara van Roo ⓘD
Darmstadt, Deutschland

ISSN 2512-3238   ISSN 2512-3246   (electronic)
Mechanik, Werkstoffe und Konstruktion im Bauwesen
ISBN 978-3-658-43617-9   ISBN 978-3-658-43618-6   (eBook)
https://doi.org/10.1007/978-3-658-43618-6

Die Deutsche Nationalbibliothek verzeichnet diese Publikation in der Deutschen Nationalbibliografie; detaillierte bibliografische Daten sind im Internet über http://dnb.d-nb.de abrufbar.

Planung/Lektorat: Ralf Harms
Springer Vieweg ist ein Imprint der eingetragenen Gesellschaft Springer Fachmedien Wiesbaden GmbH und ist ein Teil von Springer Nature.
Die Anschrift der Gesellschaft ist: Abraham-Lincoln-Str. 46, 65189 Wiesbaden, Germany

Das Papier dieses Produkts ist recyclebar.

Eidesstattliche Erklärung

Ich habe die vorgelegte Dissertation selbstständig und ohne unerlaubte fremde Hilfe und nur mit den Hilfen angefertigt, die ich in der Dissertation angegeben habe. Alle Textstellen, die wörtlich oder sinngemäß aus veröffentlichten Schriften entnommen sind, und alle Angaben, die auf mündlichen Auskünften beruhen, sind als solche kenntlich gemacht. Ich stimme einer evtl. Überprüfung meiner Dissertation durch eine Antiplagiat-Software zu. Bei den von mir durchgeführten und in der Dissertation erwähnten Untersuchungen habe ich die Grundsätze guter wissenschaftlicher Praxis, wie sie in der entsprechenden Satzung der federführenden Hochschule niedergelegt sind und die mir ausgehändigt wurde, eingehalten.

Ich versichere, dass ich die Arbeit selbstständig und ohne Benutzung anderer als der angegebenen Hilfsmittel angefertigt habe. Alle Stellen, die wörtlich oder sinngemäß aus Veröffentlichungen oder anderen Quellen entnommen sind, wurden als solche eindeutig kenntlich gemacht.

Darmstadt, 8.3. 2023
_____
Ort, Datum

Tamara van Roo
_____
Unterschrift

Kurzzusammenfassung

Einfluss der Oberflächenrauigkeit auf die mechanischen Eigenschaften hochorientierter kurzglasfaserverstärkter thermoplastischer Polymere

Das mechanische Verhalten spritzgegossener, kurzglasfaserverstärkter thermoplastischer Polymere ist stark von der vorliegenden Faserorientierung abhängig. Für die Auslegung von Bauteilen aus derartigen Materialien werden in der Struktursimulation Materialmodelle eingesetzt. Über experimentell ermittelte Kennwerte werden sie parametrisiert und validiert. Hierzu sind Probekörper mit möglichst homogener und hoher Faserorientierung nötig. Die Konzeptionierung von Prüfplatten für diese Probekörper sowie die Analyse des Einflusses der fräsinduzierten Oberflächenrauigkeit auf die mechanischen Eigenschaften während der Probenpräparation stellen die zentralen Forschungsfragen der vorliegenden Arbeit dar.

Bisher existieren keine Methoden zur Herstellung von spritzgegossenen Prüfplatten mit hoher und homogener Faserorientierung, die eine hinreichende Breite besitzen um Proben in beliebigem Winkel zu extrahieren. Eine solche hochorientierte Prüfplatte wird in der vorliegenden Arbeit konzeptioniert und in einem Spritzgusswerkzeug realisiert. Mikrocomputertomographische Analysen der neuartigen Prüfplatte zeigen, dass für Polybutylenterephthalat und Polyamid 66, je mit 30 gew.% Kurzglasfasern verstärkt, ein Faserorientierungsgrad von durchschnittlich 85.1 % erreicht wird.

Um ein detailliertes Verständnis der Einflussfaktoren der Probenpräparation auf die mechanischen Eigenschaften zu gewinnen, werden Probekörper aus der hochorientierten Prüfplatten heraus gefräst. Die Drehzahl und der Vorschub werden so eingestellt, dass unterschiedliche Oberflächenrauigkeiten resultieren. Die Proben mit verschiedenen Faserorientierungen werden unter einachsiger Zugbelastung bei Raumtemperatur und -10 °C untersucht. Für beide Temperaturen zeigt die systematische Analyse keinen signifikanten Einfluss der Oberflächenrauigkeit auf die mechanischen Kennwerte.

Folglich reagieren die mechanischen Kennwerte mit dieser Versuchsmethode unempfindlich auf die Fräsparameter. Es konnte damit nachgewiesen werden, dass die Probenpräparation mittels Fräsen zur Herstellung von mechanischen Probekörpern für die verwendeten Materialien geeignet ist.

Abstract

Influence of surface roughness on the mechanical properties of highly oriented short glass fiber reinforced thermoplastic polymers

The mechanical behavior of injection-molded, short-glass-fiber-reinforced thermo-plastic polymers is strongly dependent on the present fiber orientation. Material models are used in structural simulation for the design of components made of such materials. These models are parameterized and validated using experimentally determined characteristic values. For this purpose, test specimens with as homogeneous and high fiber orientation as possible are required. The production of these specimens as well as the influence of the milling induced surface roughness on the mechanical properties during specimen preparation represent the central research questions of the present work.

Up to now, no adequate injection molded test plates with high and homogeneous fiber orientation exist, which have a sufficient width to extract specimens at arbitrary angles. Such a highly oriented test plate is conceptualized and realized in an injection mold in the present work. Microcomputed tomographic analysis of the novel test plate shows that a fiber orientation degree of 85.1 % on average is achieved for polybutylene terephthalate and polyamide 66, each reinforced with 30wt-% of short glass fibers.

To gain a detailed understanding of the factors influencing specimen preparation on mechanical properties, specimens are milled out of the highly oriented test plate. The rotational speed and feed rate are adjusted to result in different surface roughnesses. The specimens with different fiber orientations are tested under uniaxial tensile loading at room temperature and -10 °C. For both temperatures, the systematic analysis shows no significant effect of surface roughness on the mechanical properties.

Consequently, the mechanical parameters are insensitive to the milling parameters with this test method. It could thus be demonstrated that specimen preparation by milling is suitable to produce mechanical test specimens for the materials used.

Résumé

Influence de la rugosité de surface sur les propriétés mécaniques des polymères thermoplastiques renforcés par des fibres de verre courtes hautement orientées

Le comportement mécanique des polymères thermoplastiques renforcés de fibres de verre courtes, moulés par injection, dépend fortement de l'orientation des fibres existantes. Des modèles de matériaux sont utilisés dans la simulation structurelle pour la conception de composants fabriqués dans ces matériaux. Ces modèles sont paramétrés et validés à l'aide de valeurs caractéristiques déterminées expérimentalement. À cette fin, des spécimens d'essai avec une orientation des fibres aussi homogène et élevée que possible sont nécessaires. La production de ces éprouvettes ainsi que l'influence de la rugosité de surface induite par le fraisage sur les propriétés mécaniques lors de la préparation des éprouvettes représentent les questions centrales de recherche du présent travail.

Jusqu'à présent, il n'existe pas de plaques d'essai adéquates moulées par injection avec une orientation élevée et homogène des fibres, qui ont une largeur suffisante pour extraire des spécimens à des angles arbitraires. Une telle plaque de test hautement orientée est conceptualisée et réalisée dans un moule à injection dans le présent travail. Les analyses par tomographie par micro-ordinateur de la nouvelle plaque d'essai montrent que pour le polybutylène téréphtalate et le polyamide 66, renforcés chacun par 30 % en poids de fibres de verre courtes, on obtient un degré d'orientation des fibres de 85,1 % en moyenne.

Afin d'acquérir une compréhension détaillée des facteurs influençant la préparation des échantillons sur les propriétés mécaniques, des échantillons sont fraisés à partir de la plaque d'essai hautement orientée. La vitesse et la vitesse d'avance sont ajustées pour obtenir différentes rugosités de surface. Les spécimens avec différentes orientations de fibres sont testés sous une charge de traction uniaxiale à température ambiante et à -10 °C. Pour les deux températures, l'analyse systématique ne montre aucun effet significatif de la rugosité de surface sur les propriétés mécaniques.

Par conséquent, les paramètres mécaniques sont insensibles aux paramètres de fraisage avec cette méthode d'essai. Il a donc pu être démontré que la préparation des éprouvettes par fraisage est adaptée à la production d'éprouvettes mécaniques pour les matériaux utilisés.

Inhaltsverzeichnis

1 Einleitung

Für die simulative Auslegung von Bauteilen werden üblicherweise Materialdaten aus Datenblättern und Experimenten genutzt. Proben für das Experiment können aus Prüfplatten oder Bauteilen entnommen werden. Die Extraktion erfolgt beispielsweise über Fräsen, somit erfährt die Oberfläche des Randbereichs eine mechanische Bearbeitung. Die experimentelle Ermittlung der mechanischen Kennwerte für die Parametrisierung von struktur-mechanischen Simulationen birgt potenzielle Unsicherheiten in der virtuellen Abbildung des Materialverhaltens. Der Einfluss der bei der Probenextraktion erzeugten Oberflächenrauigkeit auf die mechanischen Kennwerte spritzgegossener, kurzglasfaserverstärkter thermoplastischer Polymere ist noch nicht hinreichend erforscht und zentraler Forschungsgegenstand der vorliegenden Arbeit.

Werden im Spritzgussverfahren faserverstärkte Polymere eingesetzt, orientieren sich die Fasern durch rheologische Effekte und richten sich in der flüssigen Kunststoffschmelze aus. Beim Erstarren des Bauteils liegen die Fasern dann in ebendieser Orientierung vor. Das mechanische Verhalten ist für unterschiedliche Faserorientierungszustände nicht gleich. Es wird von anisotropem, also richtungsabhängigem Materialverhalten gesprochen. Dies muss zwingend in der Bauteilauslegung beachtet werden. Die Experimente zur Bestimmung der Materialeigenschaften sollten aufgrund dessen an Proben mit definierter Faserorientierung durchgeführt werden. Empfehlenswert ist ein einheitlicher Faserorientierungszustand über die Plattendicke mit möglichst hohem Faserorientierungsgrad. Daher ist eine Prüfplatte mit einheitlicher Faserorientierung zur Extraktion von Probekörpern zu verwenden. Eine solche Platte wird in dieser Arbeit konzeptioniert, in einer Spritzgussform realisiert und die Faserorientierung der neuen Platte validiert. Die in dieser Arbeit verwendeten Materialien sind mit Kurzglasfasern verstärkt, die im Granulat bereits enthalten sind.

Deutschland legt sich mit dem Bundes-Klimaschutzgesetz darauf fest, bis zum Jahr 2030 die Treibhausgasemissionen um mindestens 65 % im Vergleich zum Jahr 1990 zu reduzieren [15]. Die Europäische Union hat das Ziel, die Netto-Treibhausgasemissionen bis 2050 auf Null zu senken und somit klimaneutral zu werden [38]. Mit Blick auf diese Klimaziele ist eine Reduzierung des Energiebedarfs in vielerlei Hinsicht erforderlich, um die Klimaziele zu erreichen. Eine Einflussgröße im Gesamtsystem stellt der Leichtbau und die ressourceneffiziente Bauteilauslegung dar. Somit tangiert das fachliche Thema der vorliegenden Arbeit, den Einfluss von Oberflächeneffekten an Proben aus spritzgegossenen, kurzglasfaserverstärkten thermoplastischen Polymeren auf die mechanischen Kennwerte zu untersuchen, auch gesellschaftlich-politische Aufgabenbereiche. Der zielgerichtete Einsatz von Poylmeren und die geschickte Ausnutzung ihrer Eigenschaften kann einen wertvollen Beitrag leisten, etwa durch Reduktion des Bauteilgewichts und reduziertem Energieaufwand bei der Fertigung.

1.1 Motivation

Für die Großserienfertigung von Kunststoffbauteilen bietet sich das Spritzgussverfahren an, denn die Bauteile werden in einem Arbeitsschritt bei besonders kurzen Zykluszeiten gefertigt. Die Nachbearbeitung entfällt oftmals vollständig. Somit ist diese Technik als besonders zeit- und kosteneffizient einzustufen [61]. Um die physikalischen Eigenschaften wie Steifigkeit und Festigkeit eines spritzgegossenen Bauteils zu modifizieren, können kurze Fasern mit einer Länge von 0.1 mm bis 1 mm dem Matrixmaterial beigefügt werden. Üblicherweise werden Glasfasern, Kohlenstofffasern oder auch Flachsfasern genutzt. Diese steigern die mechanische Belastbarkeit je nach Faseranteil und Fasertyp [73]. Besonders vorteilhaft ist die hohe gewichtsspezifische Festigkeit solcher Werkstoffe. Im Verbund ergibt sich ein günstiges Eigenschaftsprofil. Die jeweils positiven Eigenschaften beider Materialklassen werden vereint. Das Matrixmaterial besitzt günstige Elastizitäts- und Dämpfungseigenschaften, wohingegen die Fasern hohe Steifigkeits- und Festigkeitseigenschaften vorweisen.

Spritzgegossene Bauteile aus kurzfaserverstärkten Thermoplasten weisen in der Regel lokal inhomogene Faserorientierungen auf, die sich durch rheologische Effekte ergeben. Die inhomogene Faserorientierung führt zu einer inhomogenen Ausprägung des anisotropen Materialverhaltens eines Bauteils, was die rechnergestützte Auslegung der Bauteile erschwert [11, 93].

In spritzgegossenen und üblicherweise dünnwandigen Bauteilen entstehen strömungsinduzierte Randschichten und eine Mittelschicht [51, 66]. Die in der Spritzgussform vorliegende Scherströmung orientiert die Fasern in der Randschicht parallel zur Fließrichtung, die Dehnströmung in der Querschnittsmitte orientiert die Fasern senkrecht zur Fließrichtung. Die mechanischen Eigenschaften der einzelnen Schichten unterscheiden sich erheblich. Geometrische Gegebenheiten der Spritzgussform, die Materialpaarung von Faser und Matrix sowie die Verarbeitungsparameter haben einen Einfluss auf die Ausprägung der Faserschichten und den Orientierungsgrad [58]. Das mechanische Verhalten ist direkt abhängig von der lokalen Faserorientierung. In einem realen Bauteil variiert die Faserorientierung in Dickenrichtung und ist abhängig von der Position. Detaillierte Informationen über makroskopische, faserorientierungsabhängige Materialdaten sind demnach Voraussetzung für eine akkurate struktur-mechanische Simulation [77].

Materialdaten werden üblicherweise experimentell ermittelt. Für eine hohe Abbildungsgüte der Simulation in der Entwicklungsphase müssen die Materialdaten das reale Verhalten adäquat wiedergeben. Liegen keine validen Daten vor, ist die Qualität der Simulation herabgesetzt [101]. Werden Proben mit der angesprochene Schicht-Struktur nun geprüft, überlagern sich die mechanischen Eigenschaften der unterschiedlichen Schichten. Daher ist eine Prüfplatte zur Probenextraktion wünschenswert, die nur einen Faserorientierungszustand über die Dicke hinweg besitzt. Es wird also eine orientierte Faserausrichtung angestrebt, optimalerweise eine hochorientierte Faserausrichtung.

In der Literatur finden sich solche hochorientierten Prüfplatten mit Einschränkungen. Es existiert eine Platte mit hoher Faserorientierung [3], die jedoch mit einer Breite von 20 mm sehr schmal ist. Auch gibt es einen Ansatz hochorientierte Zugstäbe direkt spritzzugießen [28]. Diese Zugstäbe besitzen eine Breite im probenparallelen Bereich von 10 mm und sind ebenfalls sehr schmal. Für die Kennwertermittlung in Faserrichtung funktionieren diese beiden Konzepte. Für eine Prüfung außerhalb der Hauptfaserrichtung eignen sich diese Platten und Zugstäbe nicht. Beide ermöglichen durch ihre geringe Breite keine Entnahme von Proben quer zur Hauptfaserrichtung. Daher besteht Bedarf an einer hochorientierten Prüfplatte, die eine Probenextraktion unter beliebigen Winkeln zur Hauptfaserrichtung zulässt.

Unabhängig davon, ob die vorliegenden Materialdaten faserorientierungsabhängig sind oder nicht gibt es weitere Faktoren, die diese Daten beeinflussen [31]. Ein großer Unterschied liegt zwischen dem direkten Spritzgießen der endkonturnahen Bauteile und der Präparation von Probekörper aus spritzgegossenen Prüfplatten. Diese Entnahme zieht notwendigerweise eine Vielzahl an Einflüssen in der Randzone des Probekörpers mit sich, die durch die mechanische Bearbeitung entstehen [98]. Oberflächendefekte [113], lokaler Wärmeeintrag [115] sowie eine Modifikation der Mikrostruktur oder Kristallinitätsänderung im Randbereich [20] können auftreten und zählen zu den Einflussfaktoren.

Neben der Probenpräparation ist bekannt, dass Versuchsergebnisse stark von dem Versuchsaufbau und der Charakterisierungsmethode abhängen [50]. Daher ist bei der Aufnahme von Kennwerten die Betrachtung der verwendeten Methode bedeutend. Während die Vorhersage der geometrischen Eigenschaften nach der mechanischen Bearbeitung in vorgegebenen Toleranzen möglich ist, ist die wissensbasierte Vorhersage der Oberflächengüte unzureichend erforscht. Alle im Prozess auftretenden Größen verursachen eine Kombination aus thermischen und mechanischen inneren Materialbelastungen. Diese sind noch nicht vollumfänglich beschrieben [14]. Viele Forschungsarbeiten zum Einfluss des Herstellungsprozesses auf die mechanischen Eigenschaften von Probekörpern sind verfügbar, jedoch wenige, die sich mit dem Einfluss des Fräsens von kurzglasfaserverstärkten thermoplastischen Polymeren beschäftigen.

Für Laminate [9, 18, 31, 84, 87, 90, 102] und Metalle [5, 44, 49, 75] sind Studien verfügbar. EHLE und ERIKSEN weisen jedoch nach, dass sie nur sehr eingeschränkt auf kurzglasfaserverstärkte thermoplastische Polymere übertragbar sind [32, 37]. Beispielsweise ist für Laminate dargelegt, dass alle Aspekte des Materialabtrags in erster Linie von der Faserorientierung abhängen [103, 104]. Für Komposit-Proben aus Kohlenstoff-Endlosfasern und Epoxydharz kann gezeigt werden, dass die Zug- spannung mit signifikant niedrigerer Oberflächengüte drastisch abfällt [53]. In einer Studie über kohlenstofffaserverstärkte Polymere wird beim Fräsen sogar die Glas- übergangstemperatur des thermoplastischen Matrixmaterials überschritten. Irre- versible chemische Schäden und mechanische Degradation treten auf [105]. Nicht nur subtraktive Verfahren, sondern auch additive Verfahren beschäftigen sich mit dieser Thematik. So vergleicht NEFF die Oberflächenbeschaffenheit von unbehan- delten und polierten 3D gedruckten Probekörpern und setzte sie in Bezug zu ih- ren mechanischen Eigenschaften. NEFF zeigt, dass grundsätzlich ein wesentlicher Einfluss der Oberflächenrauigkeit auf die Versagensdehnung vorliegt [79, 80]. Ei- ne experimentelle Studie von AUGSPURGER zeigt, dass die Zustandsgrößen des Fräsprozesses von Nickel-Chrom-Legierungen besonderen Einfluss auf die Oberflä- chengüte haben [5]. In einer theoretisch-simulativen Studie können Korrelationen zwischen Eigenspannung und Fräsprozessparametern gezeigt werden [44].

ERIKSEN untersuchte drei verschiedene thermoplastische Materialien mit unter- schiedlichen Gehältern an Kurzglasfasern und identifiziert, dass die Experimente sich nicht mit der Theorie anderer Materialklassen decken. Die bekannte Theorie kann hier nicht angewendet werden. ERIKSEN fordert neue Richtlinien um eine einheitliche Herstellung von Probekörpern gewährleisten zu können [36].

Die geforderten Richtlinien sind derzeit noch nicht umgesetzt und Informationen nur spärlich vorhanden. Als wesentliche Erkenntnis tritt nicht nur die Beschaffung der faserorientierungsabhängigen Materialdaten in den Vordergrund, sondern mit gleichwertiger Relevanz auch die Präparation der Probekörper. Dies beinhaltet die mechanische Bearbeitung und die daraus resultierende Oberflächenrauigkeit. Die mechanischen Kennwerte werden auf die Oberflächenrauigkeiten bezogen um eine fundierte Evaluation zu ermöglichen. In der vorliegenden Arbeit werden diese Fra- gestellungen mit wissenschaftlichen Methoden untersucht. Ziel ist es, ein detaillier- tes Verständnis der Einflussfaktoren der Probenpräparation auf die mechanischen Eigenschaften zu gewinnen.

1.2 Ziel der Arbeit

Aus dieser Motivation leiten sich zwei Forschungsfragen ab, deren Beantwortung
Ziel der Arbeit ist.

(1) Wie kann eine hohe Orientierung der Fasern in einer spritzgegossenen Prüf-
    platte realisiert werden?
(2) Wie wirken sich Oberflächeneffekte am Probenrand auf die mechanischen Ei-
    genschaften aus?

Zu (1):

Die erste Forschungsfrage thematisiert die Herausforderungen in der Kennwertermittlung. Es wird eine hochorientierte Prüfplatte zur Probenentnahme benötigt.
Ziel ist es daher, eine Prüfplatte zu entwickeln, die sowohl eine hohe und homogene Faserorientierung aufweist, als auch breit genug für die Probenentnahme unter
verschiedenen Extraktionswinkeln ist. Es werden bestehende Ansätze diskutiert
und ihre Unzulänglichkeiten aufgezeigt. Unterschiedliche Konzepte werden entwor-
fen und nach dem standardisierten Bewertungsverfahrens VDI 2225 beurteilt. Das
erfolgversprechendste Konzept wird in einer Spritzgussform realisiert. Zur Validierung des gewählten Ansatzes wird die Faserorientierung über Mikrocomputertomographie experimentell für zwei unterschiedliche Materialien bestimmt.
    In Kapitel 3 wird diese Forschungsfrage diskutiert.

Zu (2):

Für die vollständige Charakterisierung eines kurzglasfaserverstärkten Polymers ist
die mechanische Prüfung unter Berücksichtigung der Faserorientierung wichtig.
Proben können aus den angesprochenen Gründen nicht direkt spritzgegossen werden, sondern müssen immer aus Platten entnommen werden. Sie erfahren dabei eine
mechanische Bearbeitung der Oberfläche in ihrer Randzone. Die Probenherstellung
beschränkt sich in dieser Arbeit auf das Verfahren des Fräsens. Für die mechanische Prüfung wird eine Zuglast angelegt und die Proben werden bis zum Versagen
geprüft. Es wird erwartet, dass mit steigender Oberflächenrauigkeit die maximale
Dehnung abnimmt, da durch die eingebrachten Kerben eine höhere Wahrscheinlichkeit für ein früheres Versagen gegeben ist. Außerdem wird erwartet, dass die
Streuung der maximalen Dehnung höher wird. Welchen Einfluss diese Bearbeitung
auf die mechanischen Eigenschaften hat, und ob die Erwartungen bestätigt werden
steht zur Diskussion und stellt die zweite Forschungsfrage dar.
    Sie wird in Kapitel 4 näher beleuchtet.

1.3 Aufbau der Arbeit

Die Struktur der vorliegenden Arbeit ist in Abbildung 1.1 schematisch skizziert. Sie besteht aus 5 Kapiteln, zu denen im Folgenden ein kurzer Überblick gegeben wird.

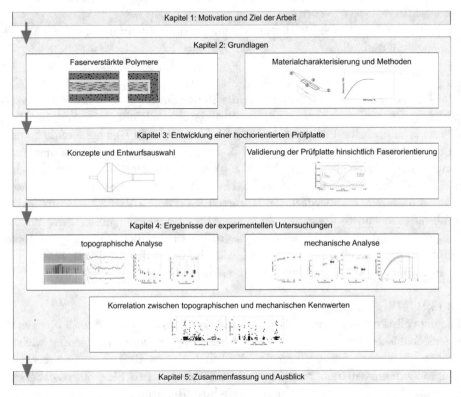

Abbildung 1.1   Graphische Gliederung der vorliegenden Arbeit

Kapitel 1 legt die Motivation für diese Arbeit dar und definiert das Forschungsziel. Aus dem Forschungsziel leiten sich zwei Forschungsfragen ab, denen je ein Kapitel zugeschrieben wird.

Kapitel 2 befasst sich mit dem für diese Arbeit relevanten Teil der Grundlagen der Kunststofftechnik. Zuerst wird ein Überblick über Polymerwerkstoffe allgemein gegeben. Es wird auf das Herstellungsverfahren Spritzguss, die resultierende Faserorientierung, deren Berechnung und die daraus entstehenden anisotropen Materialeigenschaften eingegangen. Danach werden Grundlagen für die durchgeführten Versuche erklärt. Es wird auf die Herstellungsmethoden des Fräsens, die Prüfmethoden wie Mikrocomputertomographie, Oberflächentopographie und Zugprüfung, sowie die Auswertemethoden wie die Ermittlung von Rauigkeitskennwerten und mechanischen Kennwerten eingegangen.

Kapitel 3 stellt die Konzeptionierung der hochorientierten kurzglasfaserverstärkten Prüfplatte in den Vordergrund. Es werden unterschiedliche Konzepte erarbeitet und bewertet. Die Prüfplatten-Geometrie des erfolgversprechendsten Konzepts wird optimiert und aus der finalen Geometrie ein Spritzgusswerkzeug abgeleitet. Ergebnisse zur Validierung der Faserorientierung werden vorgestellt. Es wird gezeigt, dass das gewählte Konzept zielführend ist und hochorientierte Prüfplatten mit zwei kurzglasfaserverstärkten Thermoplasten im Spritzgussverfahren hergestellt werden können.

Kapitel 4 widmet sich den experimentellen Untersuchungen. Es wird eine Analyse des Fräsprozesses vorgestellt und Ergebnisse zum Einfluss der Probenbreite auf die mechanischen Eigenschaften dargelegt. Die Oberflächenrauigkeit wird mittels arithmetischem Mittenrauwert und maximaler Rautiefe umfassend untersucht. Die mechanischen Kennwerte E-Modul, maximale Spannung und maximale Dehnung werden eingehend betrachtet. Die Korrelation zwischen den Rauigkeitswerten und den mechanischen Kennwerten bildet den Kern des Kapitel.

Kapitel 5 schließt diese Arbeit mit einer Zusammenfassung der Ergebnisse ab. Ansätze für weiterführende Forschung werden aufgezeigt.

1.4 Veröffentlichungen

Die folgende Liste enthält Veröffentlichungen, die mit dieser Arbeit in Zusammenhang stehen und bereits vor dieser Arbeit von der Autorin veröffentlicht wurden.

- T. van Roo. »*Ermittlung richtungsabhängiger Kennwerte für kurzfaserverstärkte Thermoplaste: Erzeugung hochorientierter Proben und der Einfluss der Probenpräparation*«. In: Werkstoffe und Bauteile auf dem Prüfstand - Tagungsband Werkstoffprüfung 2019, H.-J. Christ (Hrsg.), S. 263-268, Neu-Ulm
  ISBN 978-3-88355-418-1

- T. van Roo, S. Kolling. »*Developement of highly oriented Test-Specimens made of short glass fiber reinforced Plastics*«. In: 21. Nachwuchswissenschaftler*innenkonferenz - Tagungsband 2021, K. Mitte (Hrsg.) S. 51-56, Jena
  ISBN 978-3-932886-36-2

- T. van Roo, S. Kolling. »*Einfluss der Probenpräparation auf die mechanischen Eigenschaften von kurzglasfaserverstärkten Kunststoffen*«. In: Werkstoffe und Bauteile auf dem Prüfstand - Tagungsband Werkstoffprüfung 2021, S. Brockmann und U. Krupp (Hrsg.) S. 182-187, Dresden
  ISBN 978-3-941269-98-9

- T. van Roo, S. Kolling, F. B. Dillenberger, J. Amberg. »*On short glass fiber reinforced thermoplastics with high fiber orientation and the influence of surface roughness on mechanical parameters*«. In: Journal of Reinforced Plastics and Composites 41.7-8 (2021), S. 296–308
  DOI: 10.1177/07316844211051748.

- T. van Roo, S. Kolling. »*On the Generation of Highly Oriented Test-Specimens and the Influence of Preparation*«. In: Advanced Materials Proceedings 8.1 (2023), International Association of Advanced Materials
  DOI: 10.5185/amp.2023.5587.1005

2 Grundlagen

Die in dieser Arbeit verwendeten Materialien, Verfahren, Methoden, Probekörpergeometrien und Kennwerte werden in diesem Kapitel näher erläutert.

Ein allgemeiner Überblick über Polymere wird in Abschnitt 2.1 gegeben. Tiefer wird in die Thematik der kurzfaserverstärkten thermoplastischen Werkstoffe und deren lokal vorliegende Faserorientierung in Abschnitt 2.2 gegangen. Existierende Probekörper mit einer hohen Faserorientierung werden in Abschnitt 2.3 vorgestellt. Nach der Einführung in diese Werkstoffklasse und das Themengebiet der Faserorientierung wird das Herstellungsverfahren Spritzguss in Abschnitt 2.4 erläutert, mit besonderem Augenmerk auf die Rheologie der Schmelze und die Spritzgusssimulation. Um Proben tatsächlich prüfen zu können, werden sie üblicherweise spanend über Fräsen aus Realbauteilen oder Prüfplatten entnommen. In Abschnitt 2.5 wird auf das Fräsen näher eingegangen. In Kapitel 3 und Kapitel 4 werden die Prüfmethoden angewendet, deren Prinzipien in Abschnitt 2.6 erklärt werden. So wird die Mikrocomputertomotraphie und das Lichtmikroskop erklärt. Die Methoden der Aufnahme und Berechnung der Oberflächenkennwerte aus Topographiemessungen sowie der mechanischen Kennwerte aus quasi-statischer Zugprüfung sind ebenfalls dargelegt.

2.1 Polymerwerkstoffe

Bereits im 17. und 18. Jahrhundert wurde Naturkautschuk nach Deutschland gebracht. Forscher wie Charles Nelson Goodyear (* 1800, † 1860), Adolf von Baeyer (* 1835, † 1917), John Wesley Hyatt (* 1837, † 1920) und Otto Röhm (* 1876, † 1939) zählen zu den ersten Kunststofftechnikern. Goodyear gilt als Erfinder des Hartgummis und wird gerne als einer der Urväter der Polymere bezeichnet [21]. 1844 ließ er sich das Patent zum Vulkanisieren von Gummi mit Schwefel erteilen. Ein Luxusproblem kurbelte den Erfindungsgeist an, denn um den enormen Bedarf an Billardkugeln, die ursprünglich aus Elfenbein gefertigt waren und die Elefanten auszusterben drohten, zu decken, stellte die Firma Phelan and Collander ein Preisgeld für die Erfindung eines gleichwertigen Ersatzmaterials von Elfenbein in Aussicht. John Welsey Hyatt konnte 1869 aus Nitrozellulose und Kampfer erstmals Celluloid herstellen. Somit setzte er nicht nur einen Grundstein in der Kunststofftechnik, sondern rettete nebenbei auch viele Elefanten [58]. Es ist ersichtlich, dass

Kunststoffe schon lange in Gebrauch sind, doch ihr mechanisches Verhalten ist noch immer nicht voll verstanden.

Seit 1907 werden Polymere industriell hergestellt. Dies ist nicht zuletzt dem Chemiker Leo Hendrik Backeland zu verdanken, der zu dieser Zeit das duromere Polymer Bakelit erfand [6]. 1933 meldete Otto Röhm unter dem Markennamen Plexiglas Produkte aus Polymethylmethacrylat (PMMA) an. Ab den 1950er Jahren begann die Massenherstellung auch von Haushaltsgeräten aus Kunststoff. 1970 ist Kunststoff erstmals weltweit der am meisten verwendete Werkstoff und nur 10 Jahre später werden erste Umweltkonflikte publik: Mikroplastik rückt in den Fokus und die Berge von Plastikmüll werden präsenter in den Medien [62]. Die Produktionszahlen steigen noch immer rapide und Kunststoffartikel gewinnen mehr und mehr an Bedeutung [46].

Die weltweite Menge an neu produziertem Kunststoff ist in den letzten 70 Jahren deutlich gestiegen, sie lag 2020 bei 370 Millionen Tonnen [54]. Polymere sind aus dem heutigen Alltag nicht wegzudenken und umgeben uns in allen Lebenslagen. Sie sind im Privaten, im öffentlichen Leben und in technischen Anwendungen zu finden. Durch ihr weitreichendes Eigenschaftsspektrum findet man sie in vielfältigen Einsatzbereichen. Polymere sind eine wichtige Werkstoffklasse geworden, daher wird auch vom Jahrhundert des Kunststoffs gesprochen. Von Einwegprodukten (z.B. Plastikbesteck aus Polystyrol (PS)) bis hin zu hochentwickelten Maschinenteilen (z.B. Zahnrädern aus Polyetheretherketon (PEEK)) finden die unterschiedlichsten Polymerarten ihre Anwendung. Kunststoff ist ein im Vergleich zu Metallen junger Werkstoff und sein (mechanisches) Verhalten, das maßgeblich von den Werkstoffeigenschaften, aber auch von Umwelteinwirkungen, beeinflusst wird, ist noch nicht vollständig verstanden. Zusätzlich sind die beschreibenden Werkstoffmodelle deutlich älter als die polymeren Werkstoffe und oftmals für Metalle entwickelt. Sie beschreiben das komplexe Verhalten dieser Werkstoffklasse nicht hinreichend und besitzen bis heute ein großes Forschungsfeld .

Die größte Gruppe der aufgezeigten Polymere sind die Thermoplaste. Rund 90 % der Weltkunststoffproduktion entfällt auf sie [89]. Das thermoplastische Materialverhalten ist von seiner Morphologie bestimmt und verhält sich stark temperaturabhängig, dehnratenabhängig und belastungsartabhängig [19]. Man teilt Thermoplaste in amorphe und teilkristalline Thermoplaste auf. Letztere bestehen aus einer kristallinen und einer amorphen Phase. Unterhalb der sogenannten Glasübergangstemperatur, manchmal auch Glastemperatur genannt, verhalten sie sich glasartig und sind hart erstarrt, oberhalb der Glasübergangstemperatur geht die amorphe Phase in einen zähflüssigen Zustand über. Für diese charakteristische Temperatur wird allerdings nur die amorphe Phase betrachtet. Beim Aufschmelzen teilkristalliner Polymere schmilzt zuerst die amorphe Phase, die kristalline Phase benötigt mehr Energie zum Aufschmelzen [30]. Thermoplaste besitzen ein ausge-

prägtes Relaxationsvermögen. Es ist ein Maß für die zeitliche Abnahme der mechanischen Spannung bei konstant äußerer aufgebrachter Deformation. Verarbei-
tungstechnische Faktoren beeinflussen zusätzlich die mechanische Performance. So
werden durch Scherkräfte im Spritzgussprozess die Ketten degradiert, es kommt
zum Kettenabbau. Auch liegen strömungsinduzierte Vorzugsrichtungen sowohl der
Kettensegmente, als auch, falls vorhanden, der Verstärkungsfasern, vor (vgl. Abschnitt 2.2). Neben den werkstofflichen und verarbeitungstechnischen Faktoren hat
ferner die Gestalt des Bauteils einen großen Einfluss auf die mechanischen Eigenschaften [31].

Polymere sind anhand ihrer Anzahl an Vernetzungen zwischen den Makromole-
külketten klassifiziert. In Tabelle 2.1 ist eine Übersicht über die unterschiedlichen
Vernetzungsarten von amorphen und teilkristallinen Thermoplasten, Elastomeren
und Duromeren dargestellt.

Tabelle 2.1 Einteilung der Polymere nach ihrer Anzahl an Vernetzungen.

Thermoplaste		Elastomer	Duromere
amorphe	teilkristalline		
keine Vernetzung	kristalline Berei-che	weitmaschig, leichter Vernet-zungsgrad	engmaschig, hoher Vernetzungsgrad
Plastomer		Gummi	Duromer, Harz

Elastomere zeichnen sich durch eine schwache Vernetzung aus und sind besonders entropieelastisch. Entropieelastizität oder auch Gummielastizität bezeichnet
man die für Polymere charakteristische Eigenschaft, nach einer Verformung, die auf
Streckung von ganzen Makromolekülen beruht, wieder in den entropisch günstige-
ren Knäuelzustand zurückzukehren. Sie sind chemisch vernetzt, und damit nicht
reversibel lösbar. Weit engmaschiger vernetzt sind die Duroplaste, auch sie sind
chemisch miteinander verbunden und somit nicht reversibel lösbar. Duromere sind
aufgrund ihrer Molekülstruktur sehr hart. Auf die Besonderheiten von thermoplastischen Polymeren wird in Unterabschnitt 2.1.1 vertieft eingegangen.

2.1.1 Aufbau von thermoplastischen Polymeren

Thermoplastische Polymerwerkstoffe bestehen im Wesentlichen aus organischen
Stoffen makromolekularer Art [89]. Sie werden synthetisch oder halb-synthetisch
hergestellt [21]. Eine Grundeinheit wird Monomer genannt, die Molekülketten werden Polymere genannt [13]. Aus dem Grundmaterial der Monomere wird das Po-
lymermaterial synthetisiert, dieses kann beispielsweise über Polymerisation hergestellt werden. Bei dieser chemischen Reaktion wachsen die Polymerketten aus
den einzelnen Monomereinheiten unter Zugabe eines Indikators und bilden Millionen sehr langer, ineinander verschlungener Molekülketten. Es wird von Homo-
Polymerisation gesprochen, wenn nur eine Monomerart umgesetzt wird, bei der
Umsetzung von zwei oder mehr verschiedenen Monomeren wird von Co-Polymeri-
sation gesprochen. Die Konstitution der Monomere kann sich in der Art der Ver-
bindung zwischen den Atomen unterscheiden, ebenso wie in ihrer Länge und der
Häufigkeit und Länge der Verzweigungen. Der Polymerisationsgrad eines Makro-
moleküls bezeichnet die Kettenlänge. So müssen zwei chemisch identische Polymere nicht zwangsläufig identische Eigenschaften haben, da der Polymerisationsgrad
und die Konstitution unterschiedlich sein kann, obwohl sie sich auf Monomer-Ebene
nicht unterscheiden. [30]

Thermoplaste zeichnen sich durch ihre Aufschmelzbarkeit aus, da sie keine chemische Vernetzung aufweisen, sondern ausschließlich physikalisch verschlauft sind
[30]. Die einzelnen Molekülfäden werden untereinander durch Nebenvalenzkräfte
zusammengehalten [58]. Amorphe Thermoplaste weisen regellos und ungeordnete
Polymerketten vor, deren Verschlaufung als temporäre Netzknoten gesehen werden
können. Bei langsamer Deformation gleiten die Verschlaufungen aufeinander ab
und lösen sich. Dieses viskoelastische Materialverhalten setzt sich aus den elasti-
schen und viskosen Anteilen zusammen. Der elastische Anteil ist für die vollständig
reversibele Längenänderung zuständig, der viskose Anteil für die zeitlich abhängi-
ge und irreversible Längenänderung zuständig. Demzufolge besitzt das Material
Eigenschaften eines Feststoffs und einer Flüssigkeit. Teilkristalline Thermoplaste
weisen sowohl amorphe, als auch kristalline Bereiche auf. Die kristallinen Bereiche
haben zur Besonderheit, dass sie regelmäßige, parallel angeordnete Kettenstruktu-
ren besitzen [30] und werden als Netzknoten angesehen. Bei langsamer Deformation
lösen sich die verschlauften amorphen Bereiche, erst bei hoher Deformation brechen
die Kristalle auf. Aufgrund der langen Polymerketten ist es quasi unmöglich, rein
kristalline Thermoplaste herzustellen, üblicherweise schwankt der Kristallisations-
grad zwischen 10 und 80 % [89], höhere Kristallinitäten können über Tempern
erreicht werden. Es wird in der Regel davon ausgegangen, dass zwischen der amorphen und kristallinen Phase klar unterschieden werden kann. Eine Abweichung des
Kristallinitätsgrades durch Übergangsbereiche oder Fehlstellen ist möglich [33].

Aus unterschiedlichen Gründen werden häufig Additive im Compoundierprozess in den Kunststoff eingearbeitet. Eine chemische Wechselwirkung mit den Molekülketten liegt im Normalfall nicht vor. Manche Additive wie beispielsweise Verstärkungsfasern optimieren die mechanischen Eigenschaften. Die Zugfestigkeit und der E-Modul können resultierend aus der Zugabe von Fasern auf das drei- bis vierfache erhöht werden. Im Herstellungsprozess führt die Ausrichtung der Fasern durch Scherströmung zu anisotropen mechanischen Eigenschaften (vgl. Abschnitt 2.4). Anisotropie beschreibt die Richtungsabhängigkeit. Liegt die Materialantwort in einer anderen Richtung als die aufgebrachte Last, spricht man im Allgemeinen von Anisotropie. Umgekehrt spricht man von Isotropie, wenn die Materialantwort in Lastrichtung liegt. Andere Additive wie Kalk sind günstiger als das Polymer selbst und werden somit zur Kostenreduktion eingesetzt. Eine Degradation der mechanischen Eigenschaften muss hierbei meist akzeptiert werden. Weitere Additive können zur Erhöhung der Wärmeleitfähigkeit, thermischen Stabilität, Flammschutz, Schallabsorbtion, Abriebfestigkeit oder auch der elektrischen Leitfähigkeit zugemischt werden. Weitere Hilfsstoffe sind beispielsweise Verarbeitungshilfsmittel, Stabilisatoren, Antistatika, Farbstoffe oder Flammschutzmittel.

Durch das Hinzufügen von Additiven werden oftmals die Eigenschaften eingestellt und den Kundenvorstellungen entsprechend angepasst. Unter Eigenschaften sollen hier zum Beispiel die Formbarkeit, Härte, Elastizität, Bruchfestigkeit, Temperaturbeständigkeit, Wärmeformbeständigkeit und chemische Beständigkeit verstanden werden. Die Zugabe von Additiven trägt somit zur Verbesserung der Qualität oder Kostensenkung bei und ermöglicht individuell angepasste Werkstoffe [111].

2.1.2 Verstärkungsstoffe und -fasern

Ein Nachteil von polymeren Materialien im Vergleich zu metallischen oder keramischen Werkstoffen ist ihre geringe Steifigkeit und Festigkeit, sowie ihre niedrige Wärmeformbeständigkeit und Dauergebrauchstemperatur [16]. Daher werden Polymere fast immer mit Zusatzstoffen gemischt. Das können Hilfsstoffe, Füllstoffe oder Verstärkungsstoffe sein. Sie werden in drei-, zwei-, und eindimensionale Füllstoffe eingeteilt. Dreidimensionale Füllstoffe liegen kugel- oder würfelförmig vor, zweidimensionale Füllstoffe sind eben und oft scheibenförmig. Eindimensionale Füllstoffe sind in der Regel Fasern.

Dreidimensionale Füllstoffe sind beispielsweise Glaskugel, Aluminiumoxid, Ruß, Bariumsulfat oder kubisches Bornitrid [30]. Sie sind einfach zu verarbeiten und bringen eine Anisotropie mit sich. Vorteilhaft ist eine Verringerung der Schrumpfung und der durch Temperatur- oder Feuchtigkeitsänderung einhergehenden Ausdehnungseffekte. Zu den zweidimensionalen Füllstoffen zählen flächige Teilchen wie Talkum, Glimmer, Graphit, Molybdändsulfid. Sie verbessern die mechanischen Ei-

Tabelle 2.2 Steifigkeit und Festigkeit im Vergleich von unverstärkten und verstärkten Polymeren am Beispiel von PBT und PP.

Matrix	Verstärkungsfasern Glasfasern	E-Modul MPa	max. Spannung MPa
PBT	unverstärkt	2500	57
PBT	GF 30	9200	125
PP	unverstärkt	1600	45
PP	GF 30	7000	95

genschaften leicht, und führen zu einer leicht ausgeprägten Anisotropie. Teilweise werden sie auch zum Strecken als preiswerte Alternative verwendet (beispielsweise Talkum) [30]. Eindimenseionale Verstärkungsstoffe sind faserige Einlagen, deren Hauptaufgabe die Optimierung der mechanischen Eigenschaften darstellt, beispielsweise eine höhere Festigkeit oder Steifigkeit gegenüber der nicht verstärkten Matrix, die dem Faser-Matrix-Verbund sein Aussehen verleiht [95]. Die Temperaturabhängigkeit lässt sich nur leicht beeinflussen [12]. Häufig verwendete Verstärkungsstoffe sind Glasfasern, Keramikfasern, Basaltfasern, Borfasern, Kohlefasern oder auch Polymerfasern (beispielsweise Aramidfasern) und Naturfasern (Flachs, Hanf). Sie besitzen einen Durchmesser von 6 bis 24 µm. Anhand ihrer Länge werden sie in Kurz-, Lang- und Endlosfasern eingeteilt. Von Kurzfasern spricht man bei Längen von 0.1 mm bis 1 mm, Langfasern liegen im Bereich von 1 mm bis 50 mm. Endlosfasern sind alle Fasern länger als 50 mm.

Zum Strecken oder Füllen von Polymeren verwendet man Stoffe, die preiswert sind. Sie wirken über ihr eingenommenes Volumen und führen meist nicht zu einer Verbesserung der mechanischen Eigenschaften, wohl aber zu einer Kostenreduzierung. Allerdings können Steifigkeit, Härte und Glasübergangstemperatur zunehmen. Letzteres Phänomen ist auf die Behinderung der Beweglichkeit der Polymermatrix zurückzuführen. Bei Bauteilen, die hohen Temperaturschwankungen ausgesetzt sind, kann der Ausdehnung bei Erwärmung über Zusatzstoffe entgegengewirkt werden [30].

Kurzfasern werden zumeist im Granulat für beispielsweise Spritzgussanwendungen direkt eingearbeitet. Der Anteil an Fasern kann zwischen 10 und 50 Gew.-% betragen, liegt jedoch meistens zwischen 20 und 35 Gew.-% [58]. Im Folgenden werden Fasergewichtsprozentangaben mit % gekennzeichnet, der Zusatz *Gew.* entfällt.

In Tabelle 2.2 sind zwei Polybutylenterephthalat-Typen und zwei Polypropylen-Typen jeweils unverstärkt und verstärkt gegenübergestellt. Die Verstärkung mit Kurzglasfasern lässt eine deutliche Versteifung des Materials erkennen. So steigt der E-Modul durch die Zugabe von 30 % Kurzglasfasern um ca. 350 % für PBT, bzw 450 % für PP. Ebenso erhöht sich die maximale Spannung durch die Verstärkung auf ungefähr das Doppelte für beide Materialien.

Lägen die Fasern vollständig regellos im Formteil vor, besäße es isotrope mechanische Eigenschaften [74]. Dies ist in der Realität fast nie der Fall. Theoretisch kann durch Orientierung der Fasern eine mechanische Anisotropie der Bauteile erzielt und so die Festigkeit den Beanspruchungen angepasst werden [73]. Dies ist in der Praxis nicht umsetzbar, da die Faserorientierung nicht einfach eingestellt werden kann. Sie ist Resultat eines rheologischen und geometrischen Zusammenspiels, es wird in Unterabschnitt 2.4.1 näher auf diese Ausprägung eingegangen.

In der Anwendung von faserverstärkten Materialien treten die alleinigen Eigenschaften der Matrix und der Fasern in den Hintergrund, denn die überlagerten Eigenschaften weisen nicht die Summe der einzelnen Eigenschaften auf [88]. Sowohl der Volumenanteil der Fasern, die chemisch-physikalische Verträglichkeit, als auch die Adhäsion zwischen Matrix und Faser beeinflussen das Gesamtverhalten. Zusätzlich kann die Oberflächenbehandlung der Fasern eine Rolle spielen [21].

Eine besondere Herausforderung stellt zudem die Anisotropie faserverstärkter Thermoplaste dar, die durch die hinzugefügten Fasern entsteht. Lasten werden hauptsächlich von den Fasern aufgenommen, wohingegen Verformungen von der Matrix aufgenommen werden [95].

Soll ein faserverstärkter Thermoplast auf seine mechanischen Eigenschaften untersucht werden, müssen Informationen über den Fasergehalt und die vorliegende Struktur bzw. Orientierung berücksichtigt werden. Der Fasergehalt hat einen maßgeblichen Einfluss auf das mechanische Verhalten [45]. Die Beschreibung der Faserorientierung, ihre Ermittlung über Simulation und am realen Bauteil, sowie ihre Beachtung in der Struktursimulation finden sich in Abschnitt 2.2.

2.2 Faserorientierung in kurzfaserverstärkten Thermoplasten

Das mechanische Verhalten von kurzfaserverstärkten Materialien unter Last hängt entscheidend von der Faserorientierung ab. Daher ist das Wissen um die vorliegende Faserorientierung eine Grundvoraussetzung für eine realitätsnahe mechanische Auslegung.

Spritzgussbauteile sind üblicherweise plattenförmig und besitzen eine inhomogene Faserorientierung [25]. Ebene Geometrien zeigen oftmals eine multidirektionale Orientierung, genauer gesagt eine in Dickenrichtung geschichtete Orientierung. Durch rheologische Phänomene bilden sich drei Schichten aus. Es wird auch manchmal von fünf oder neun Schichten [52] gesprochen. In diesen Fällen werden Zwischenschichten definiert, die eine präzisere Beschreibung erlauben. Wesentlich ist, dass jede der drei Hauptschichten eine homogene Orientierung besitzt, allerdings in unterschiedliche Richtungen. So liegt die Orientierungsrichtung der beiden

Randschichten in Füllrichtung, also in der Richtung, in der die Schmelze fließt. In der Mittelschicht liegen die Fasern quer zur Füllrichtung in der Plattenebene. Vernachlässigbar wenige Fasern liegen in Dickenrichtung orientierte Fasern vor.

Jede Schicht hat demnach ihre eigene Faserorientierung und ihre eigenen richtungsabhängigen Materialeigenschaften. Werden also aus typischen Platten Zugstäbe zur Materialcharakterisierung entnommen, ist das Ergebnis eine überlagerte Darstellung der unterschiedlichen Schichten [110].

Prüfkörper mit einem derartigen dreischichtigen Aufbau führen nicht zu einem validen Erkenntnisgewinn infolge der damit einhergehenden Überlagerung der Effekte verschiedener Faserorientierungen. Mit diese Prüfkörpern kann das tatsächliche faserorientiergsabhängige Materialverhalten nicht ermittelt werden. Unerlässlich sind jedoch Informationen abhängig von einer definierten Faserorientierungsverteilung. Eine Prüfplatte mit hoher und homogener Faserorientierung wird demnach dringend benötigt.

Mit einem Tensor zweiter Ordnung kann die vorliegende Faserorientierung beschrieben werden [94]. Die mathematischen Eigenschaften des Tensors geben Aufschluss über die technische Bedeutung, die Interpretation des Orientierungstensors: Im Hauptachsensystem ist nur die Hauptdiagonale des Tensors mit Werten besetzt. Diese Eigenwerte geben den Grad der Orientierung an, welcher als prozentuale Angabe der Fasern orientiert in entsprechende Richtung gelesen werden kann [10].

Es gibt unterschiedliche Methoden die Faserorientierung zu bestimmen. Sie kann experimentell ermittelt oder berechnet werden [69]. Zur experimentellen Ermittlung existieren unterschiedliche Ansätze wie beispielsweise die Untersuchung eines Schliffbilds oder vieler Durchlichtbilder. Auch liegen unterschiedliche Berechnungsverfahren und -modelle vor. In den folgenden Unterkapiteln werden ausgewählte Ansätze näher beschrieben.

2.2.1 Einflussgrößen auf die Faserorientierung

Unterschiedliche Faktoren haben einen Einfluss auf die resultierende Faserorientierung. Dazu zählen zum Beispiel
- die Geometrie der Kavität,
- das Matrixmaterial sowie
- die Fasereigenschaften und -ausprägungen.

Die geometrische Gestalt des Formteils, und damit der Kavität, ist entscheidend für den Schmelzefluss, der die Faserorientierung einstellt [20, 98, 113, 115]. Hier sind die Breite und Dicke der Kavität, sowie deren Verhältnis zueinander von Relevanz [114]. Auch Querschnittsverjüngungen oder -aufweitungen und Hindernisse, die zu Bindenähten führen, spiegeln sich in der Faserorientierung wieder [83].

Materialseitige Einflussgrößen sind beispielsweise das Matrixmaterial, die Faserart, die Länge und der Durchmesser der Fasern, das Fasermaterial, die Behandlungsart der Fasern, der Fasergehalt oder zugegebene Additive, die beispielsweise die Fließfähigkeit verändern [58]. Auch die Haftung zwischen Faser und Matrix können sich auf die Faserorientierung auswirken.

Prozessgrößen nehmen laut MENGES keine bzw. eine untergeordnete Rolle ein. So hat die Werkzeugwandtemperatur beispielsweise keinen Einfluss auf die Faserorientierung [67]. Der Einspritzdruck und die Einspritzzeit seien an dieser Stelle mit untergeordneter Rolle genannt.

2.2.2 Experimentelle Ermittlung der Faserorientierung

Es gibt unterschiedliche Methoden die in einem Formteil vorliegende Faserorientierung experimentell zu bestimmen [69]. Eine methodisch einfache Möglichkeit bietet das Veraschen. Ebenfalls methodisch einfach aber etwas zeitaufwändiger ist es, die Faserorientierung über Schliffbilder zu analysieren. Methodisch aufwändiger ist das Durchleuchten der Probe mittels Mikrocomputertomographie (μ-CT). Es wird ein Algorithmus zur Umrechnung der Durchlichtbilder in ein 3D-Bild benötigt. Dies ist rechen- und zeitaufwändig, liefert aber bei hinreichenden Dichteunterschieden zwischen Faser und Matrix sehr präzise Informationen. Beide Verfahren eignen sich um in einem bestehenden Formteil die Faserorientierung lokal zu ermitteln. Dem Formteil muss jedoch eine Probe entnommen werden, es wird dabei somit zerstört.

Mit Hilfe eines klassischen Lichtmikroskops können Schliffbilder analysiert werden [67]. Hierfür wird aus dem Formteil ein repräsentatives Probenvolumen entnommen, das in eine duroplastische Matrix eingebettet wird. Die zu analysierende Seite der Oberfläche des Probenvolumens wird anschließend geschliffen und poliert [68]. Das Lichtmikroskop vermag nun eine Vergrößerung der Oberflächenstruktur darzustellen. Dies ist in Abbildung 2.1 links und mittig gezeigt. In hellblau ist das Matrixmaterial, in dunkelblau die geschnittene Fasern dargestellt. Auf der Ebene ist die geschnittenen Fasern als Kreise oder Ellipsen zu erkennen. Zeichnet sich eine Faser als Kreis ab, ist die Faser orthogonal zu ihrer Achse geschnitten. Ihre Orientierung ist dann eindeutig, nämlich senkrecht zur Schnittebene. Ist eine Ellipse zu erkennen, kann über das Ausmessen der Haupt- und Nebenachse, sowie dem Winkel zwischen Hauptachse und Bezugskoordinatensystem die Neigung der Faser im Probenvolumen berechnet werden [41, 42, 63, 86].

Vorteilhaft bei der Methode der Schliffbilder ist, dass auch die Faserorientierung mit Fasern ähnlicher Dichte des Matrixmaterials betrachtet werden können.

Nachteilhaft ist jedoch, dass Fasern mit gespiegeltem Austrittswinkel die selbe Ellipse projizieren (vgl. Abbildung 2.1 rechts). Daher empfiehlt es sich für die eindeutige Identifikation der Faserorientierung ein zweites Schliffbild in einer Ebene kurz unter der bereits ermittelten Ebene zu betrachten. Die Positionsänderung der projizierten Ellipsen gibt dann Aufschluss über die exakte Ausrichtung der Fasern im Probenvolumen.

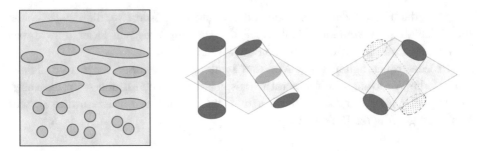

Abbildung 2.1 Prinzipskizze von einem Schliffbild zur Ermittlung der Faserorientierung (links), geschnittene Faser als Kreis oder Ellipse (mittig), Uneindeutigkeit für geschnittene Fasern (rechts)

Über die Faserlängenverteilung und Faserdickenverteilung kann mittels Schliffbildern keine Aussage getroffen werden, hierfür muss ein Probenvolumen verascht werden. Somit ist es nicht möglich das selbe repräsentative Volumenelement auf seine Faserorientierung und Faserlängenverteilung zu untersuchen. Das Veraschen gibt auch keine lageaufgelöste Informationen über die Formteildicke hinweg.

Die Mikrocomputertomographie ist ein bildgebendes Verfahren, das Proben mit Röntgenstrahlung durchleuchtet. Die Informationen aus den Bildern dienen als Basis für die Berechnung der Lage, Dichteverteilung und Orientierung der Fasern im Probenvolumen.

Wegen der genannten Ungewissheiten im Schliffbild-Verfahren ist eine Aussage über die Orientierung einer Faser im Raum uneindeutig. Daher wird das µ-CT-Verfahren zur Faserorientierungsanalyse in dieser Arbeit gewählt. Es ist im Methodenteil in Unterabschnitt 2.6.1 im Detail beschrieben.

2.2.3 Mathematische Berechnungsansätze der Faserorientierung

In der Literatur finden sich unterschiedliche Modelle zur Berechnung der Faserorientierung [25]. Im Folgenden werden diese knapp zusammengefasst, auf die zu Grunde liegende Theorie eingegangen und unterschiedliche Berechnungsansätze vorgestellt.

Die JEFFERY Gleichung aus dem Jahre 1922 dient als Grundlage aller heutigen Orientierungsmodelle [57] . Sie beschreibt die Bewegung eines Ellipsoiden in einem viskos dominierten Fluid.

In Bezug auf die Fasern beinhaltet sie drei Annahmen:

(1) die Faser ist ideal gerade,

(2) die Faser ist starr,

(3) das Faser-Aspektverhältnis von Länge zu Durchmesser ist viel größer als 1, somit dürfen die Momente um die Faserlängsachse vernachlässigt werden.

In Bezug auf das Fluid werden drei weitere Annahmen festgelegt:

(1) Das Fluid ist vollständig viskos, daher können Trägheitskräfte vernachlässigt werden,

(2) es liegt ein homogenes Geschwindigkeitsfeld in der Strömung vor,

(3) das Fluid ist inkompressibel.

Die mathematische Herleitung ist in [71] umfassend beschrieben.

Eine in numerischen Anwendungen oftmals genutzte Möglichkeit zur Beschreibung der Faserorientierung bietet die Darstellung über einen Tensor 2. Stufe, dem Faserorientierungstensor [2]. DILLENBERGER beschreibt die Herleitung der tensoriellen Darstellung ausführlich und diskutiert sie [25]. FOLGAR und TUCKER haben den Ansatz von ADVANI [2] weiter verfolgt und die Gleichung für den Orientierungstensor eingeführt [43]. Einschränkungen der Tensorschreibweise werden deutlich, wenn eine vollständig zufällige Verteilung mit einer Verteilung in ausschließlich zwei senkrecht aufeinander stehenden Achsenrichtungen verglichen wird. Hier kann der Tensor die wahre Faserorientierung nicht hinreichend beschreiben [68, 71, 76].

In Abbildung 2.2 sind vier exemplarische Faserorientierungszustände abgebildet. Unter a) findet sich eine unidirektionale Faserorientierung, deren Ausrichtung in x-Richtung liegt, diese lässt sich in einem transversal isotropen Materialmodell beschreiben, hier wäre die x-Richtung die Vorzugsrichtung der Fasern, also die orthotrope Achse. Die y-z-Ebene steht senkrecht auf der orthotropen Achse und die Materialeigenschaften liegen isotrop vor. b) zeigt eine Faserorientierung in der x-y-Ebene mit doppelt so vielen Fasern in x-Richtung wie in y-Richtung. Daraus kann ein orthotropes Materialmodell abgeleitet werden. c) zeigt wie a) eine unidirektionale Faserorientierung. Allerdings sind die Fasern außerhalb des Hauptachsensystems orientiert und somit auch die Nebendiagonalen des Tensors besetzt. In d) liegt eine anteilig identische Orientierung vor. Das Materialverhalten kann als quasiisotrop betrachtet werden, denn in der x-, y- und z-Richtung liegen gleich viele Fasern vor. Über den Tensor könnte auch auf eine regellose Faserorientierung geschlossen werden, daher der Zusatz *quasi*isotrop. Es wird deutlich, dass der Orientierungstensor keine eindeutige Auskunft erlaubt.

2.2.4 Simulation der Faserorientierung

Die mathematischen Berechnungsmodelle stehen unter anderem in der Spritzgießsimulation zu Verfügung und erlauben schon vor dem Werkzeugbau das Füll-, Fließ- und Abkühlverhalten zu analysieren. So können Bindenähte, Lufteinschlüsse oder auch die Faserorientierung schon vor Beginn der Produktion betrachtet werden. Es ist also möglich, eine Vorhersage der unter anderem durch verschiedene Geometrieelemente der Kavität induzierten resultierenden Faserorientierung, zu treffen.

Zuerst wird eine Einführung in den Spritzgussprozess in Abschnitt 2.4 gegeben und anschließend in Unterabschnitt 2.4.2 die Simulation der Faserorientierung mittels Spritzgusssimulation näher erläutert.

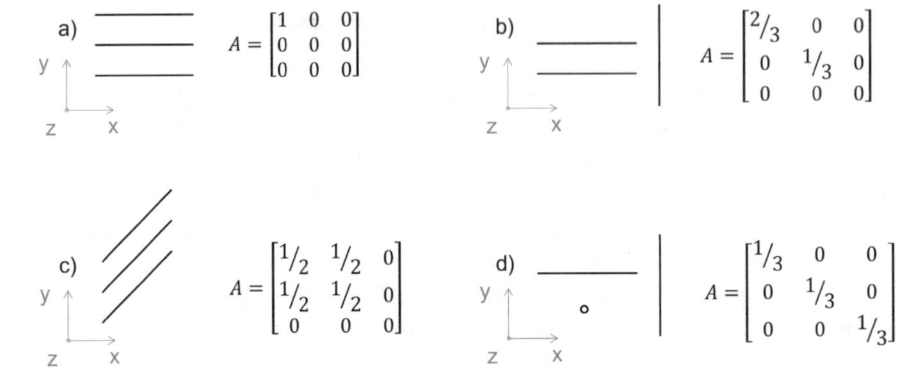

a) $A = \begin{bmatrix} 1 & 0 & 0 \\ 0 & 0 & 0 \\ 0 & 0 & 0 \end{bmatrix}$

b) $A = \begin{bmatrix} 2/3 & 0 & 0 \\ 0 & 1/3 & 0 \\ 0 & 0 & 0 \end{bmatrix}$

c) $A = \begin{bmatrix} 1/2 & 1/2 & 0 \\ 1/2 & 1/2 & 0 \\ 0 & 0 & 0 \end{bmatrix}$

d) $A = \begin{bmatrix} 1/3 & 0 & 0 \\ 0 & 1/3 & 0 \\ 0 & 0 & 1/3 \end{bmatrix}$

Abbildung 2.2   Prinzipskizze unterschiedlicher Faserorientierungszustände und deren Tensor 2. Stufe: a) unidirektionale Faserorientierung, Transversalisotropie, b) Orthotropie, c) unidirektionale Faserorientierung außerhalb des Hauptachsensystems d) Quasiisotropie.

2.3 Probekörper mit hoher Faserorientierung

Probekörper mit hoher Faserorientierung sind wie besprochen notwendig, um das faserorientierungsabhängige Materialverhalten kurzfaserverstärkter Thermoplaste valide zu beschreiben bzw. zu untersuchen. Unterschiedliche Möglichkeiten hochorientierte Probekörper aus kurzglasfaserverstärkten Polymeren herzustellen existieren bereits. So schlägt die DIN EN ISO 527-2 die Geometrie A1 vor, die direkt über einen Filmanguss spritzgegossen werden kann und eine hohe Faserorientierung in Füllrichtung besitzt (vgl. Abbildung 2.3 unten). Auch das ehemalige Deutsche Kunststoff Institut DKI, jetzt der Bereich Kunststoffe des Fraunhofer-Instituts für Betriebsfestigkeit und Systemzuverlässigkeit LBF, entwickelte ein Spritzgusswerkzeug mit unterschiedlichen Einsätzen (vgl. Abbildung 2.3 oben und mittig), die einen Zugstab mit homogener und hoher Faserorientierung fertigen kann (DKI-Platte). Dies wird in den Berichten der Projekte 14453 N (8053) / 1 und 13220 N (8010) / 1 gefördert durch die Arbeitsgemeinschaft industrieller Forschungsvereinigungen AiF ausführlich beschrieben.

Diese Prüfkörper und Platten haben einen entscheidenden Nachteil gemein: sie erlauben ausschließlich eine Prüfung in Faserlängsrichtung. Eine Prüfung quer zur Faserausrichtung ist quasi unmöglich, denn der Prüfbereich ist mit einer Breite von 20 mm sehr schmal. Die Extraktion eines Zugstabes ist deutlich erschwert und es steht zur Diskussion machen. Eine minimale Länge von 40 mm bis 50 mm ist für einen Zugstab unerlässlich.

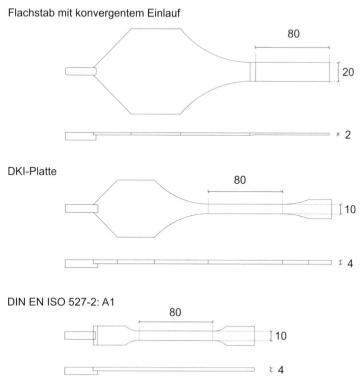

Abbildung 2.3 bestehende hochorientierte Prüfplatten für kurzglasfaserverstärkte Polymere. Alle Maße in mm. (Bild: Fraunhofer LBF)

2.4 Herstellungsverfahren Spritzguss

Schon 1872 entwickelten John Wesley Hyatt und sein Bruder in den USA die erste vertikale Spritzgussmaschine [61], die zur Verarbeitung von Celluloid genutzt wurde. Hauptsächlich stranggepresste Profile wurden hergestellt, die einer späteren spanenden Bearbeitung bedurften. Etwa 1920 beginnt das Zeitalter der Kolbenspritzgussmaschinen für den industriellen Einsatz. 1925 definiert Uhlmann in seinem Werk *Der Spritzguss* das Verfahren mit einer Dauerform unter Druck als Spritzgießverfahren. Besonders herauszuheben ist die Zusammenfassung von M. E. Laeis, der 1956 eine Übersicht über die 90 weltweiten Maschinenhersteller veröffentlicht, in der auch die komplette Patentsammlung bis zu diesem Zeitpunkt aufgelistet ist [61]. Mehr als 10 Maschinenhersteller gab es im Jahre 1959 nur in Italien (11), Frankreich (15), USA (17) und Deutschland inkl. der DDR (25).

Mit dem Spritzgussverfahren können geometrisch komplexe Formteile in hoher Qualität und Maßhaltigkeit mit großen Stückzahlen gefertigt werden. Ist der

Prozess erst einmal eingestellt, kann das zyklische Verfahren (je nach Maschinen-ausstattung) vollautomatisch fahren. Das fertige Formteil bedarf keiner oder nur geringer Nachbearbeitung. Mit dem diskontinuierlichen Verfahren kann eine hohe Reproduzierbarkeit gewährleistet werden, die allerdings auf Grund der großen Zahl von Einflussfaktoren ein hohes Maß an Wissen voraussetzt. Besonders der Faktor Mensch mit seinen Qualifikationen und seiner persönlichen Erfahrung hat einen Einfluss auf die Qualität. Doch auch die Spritzgussmaschine und das Werkzeug haben über ihr Alter (Verschleiß), ihre thermische und mechanische Auslegung (Steifigkeit) oder auch den Wartungszustand einen Einfluss auf das Ergebnis. Rah-menbedingungen wie angeschlossene externe Geräte (Temperiergeräte, Messtech-nik, Heißkanalregelung) und Umwelteinflüsse (Luftdruck, Luftfeuchtigkeit, Stand-ort der Maschine) beeinflussen den Prozess zudem stetig [30], ebenso wie die Vor-geschichte des Polymers (Lagerung, Feuchtigkeit). Das Verarbeitungsfenster liegt je nach Polymertyp bei 70 bis 400 °C [58]. Degradation der Moleküle gilt es zu verhindern. Besonders auch im Hinblick auf eine mögliche Wiederverwertbarkeit und Recyclefähigkeit des Materials, ist es ratsam, das Verarbeitungsfenster mole-külschonend zu wählen [58].

Das Spritzgussverfahren ist in Abbildung 2.4 skizziert und in drei Phasen un-terteilt:

A Einspritzen

B Nachdruck, Kühlen und Plastifizieren,

C Auswerfen.

Polymergranulat wird in einer Förderschnecke erwärmt und mechanisch defor-miert, es entsteht Scherwärme und das Granulat schmilzt. Die nun flüssige Poly-merschmelze wird über eine Düse in die Kavität, die eine Negativform des Bauteils darstellt, eingespritzt (vgl. Abbildung 2.4 A). Hierzu wirkt die Schnecke als Kolben in axiale Richtung.

Zum Ausgleich der materialabhängigen Volumenschwindung bei Temperatur-abnahme im Abkühlprozess wird der Druck in der Kavität aufrechterhalten und Schmelze nachgedrückt (vgl. Abbildung 2.4 B). Schon während der Nachdruck- und Kühlphase wird neues Material für das folgende Teil plastifiziert [85]. Das Po-lymergranulat wird aus dem Fülltrichter durch Rotation der Schnecke eingezogen und plastifiziert, durch äußere Heizungen wird es zusätzlich erwärmt.

Ist der Spritzling ausreichend abgekühlt wird er mit Hilfe von Auswerferstiften ausgeworfen (vgl. Abbildung 2.4 C). Das erstarrte Formteil wird mit einer gewissen Restwärme entformt. Es gibt Formen mit einer oder mehreren Kavitäten. [58]

Aus wirtschaftlichen Gründen sollte die Zykluszeit möglichst kurz sein. So kann eine hohe Ausstoßleistung erzielt werden. Dem entgegen stehen Qualitätsanforde-rungen, die oftmals eine längere Zykluszeit erfordern. Eine hohe Massetemperatur begünstigt kurze Füllzeiten, zieht aber lange Abkühlzeiten nach sich [30].

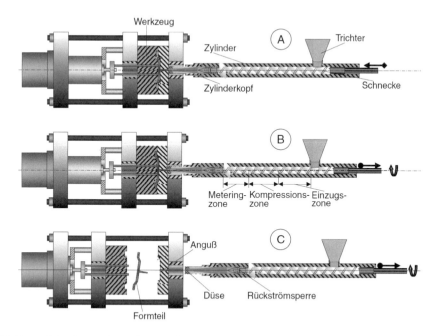

Abbildung 2.4 Prinzipskizze der drei Phasen im Ablauf des Spritzgießens mit einer Schneckenkolbenmaschine A: Einspritzen, B: Nachdruck, Kühlen und Plastifizieren, C: Auswerfen (entnommen aus [58]).

Oft treten Nachteile bei der Verarbeitung von kurzfaserverstärkten Materialien auf, die mit erhöhtem Verschleiß der Plastifiziereinheit, schlechterer Entformbarkeit oder größerer Sprödigkeit einhergehen. Vorteilhaft hingegen ist die geringere Volumenschwindung, da das Schwindungsverhalten der Matrix durch die Fasern behindert ist.

Das Spritzgussverfahren ist eines der bekanntesten Verfahren für die Massenherstellung von thermoplastischen Kunststoffbauteilen. Eine Übersicht der Prozessgrößen und deren Einfluss auf die resultierende Faserorientierung wird im Folgenden gegeben.

Jedem Prozessschritt im Spritzgussverfahren können Prozessgrößen zugeordnet werden. Diese sind entweder einstellbar oder ergeben sich aus anderen Parametern. Eine sensitive Einstellung dieser Parameter ist wichtig, denn die Prozessparameter haben direkten Einfluss auf das mechanische Verhalten [39] In folgender Auflistung sind die Prozessschritte notiert und eine Auswahl der variablen Prozessgrößen zugeordnet.

- Einspritzen
    - Einspritzzeit (Füllzeit)
    - Schmelzetemperatur

        - Werkzeugtemperatur
- Nachdruck, Kühlen und Plastifizieren
        - Kühlzeit
        - Schließzeit
        - Umschaltpunkt zwischen Kühl- und Nachdruckphase
        - Nachdruckzeit
        - Nachdruck
- Sonstige
        - Material (Typ, Fasergehalt, Trocknungsgrad)
        - geometrische Ausprägung der Kavität
        - Entformungsart
        - Anzahl der Kavitäten

2.4.1 Rheologie einer Polymerschmelze

Für die spätere Bauteilqualität ist der Füllvorgang von hoher Bedeutung. Vom Anspritzpunkt aus fließt die Polymerschmelze in den Hohlraum. Quellströmung wird dieses Phänomen bezeichnet [96], denn die eingespritzte Schmelze erfährt eine Dehnung in tangentialer Richtung. In radialer Richtung liegt eine Scherung vor. Die Tangentialströmung nimmt über den Fließweg ab, es bleibt die Scherströmung, die die Fasern und Moleküle weiter orientiert. In Abbildung 2.5 ist die Quellströmung über die Formteildicke dargestellt. Die in der Schmelze herrschenden Kräfte orientieren sowohl die Makromoleküle, als auch - wenn vorhanden - die Verstärkungsfasern.

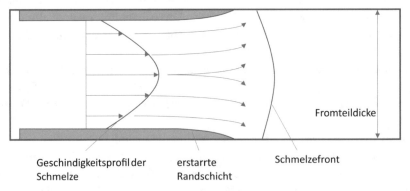

    Geschindigkeitsprofil der   erstarrte   Schmelzefront
    Schmelze   Randschicht

Abbildung 2.5   Prinzipskizze der Quellströmung im Füllvorgang einer Spritzgusskavität über die Formteildicke.

Spritzgegossene Teile aus einem teilkristallinen Polymer bilden eine kristalline Randschicht aus, die stark von der Abkühlgeschwindigkeit abhängt. Eine schnelle Abkühlung unterbindet die Keimbildung für die kristalline Zone. Eine langsame

Abkühlung, oder auch das Warmlagern (Tempern) kann zur Nachkristallisation führen. [58]

Werden der flüssigen Polymerschmelze Verstärkungsfasern hinzugefügt, orientieren diese sich über den Fließweg auf Grund der Fießgeschwindigkeitsunterschiede in der Schmelze über die Bauteildicke.

Sehr stark idealisiert betrachtet kann von drei Schichten gesprochen werden (vgl. Abbildung 2.6, links): den beiden Randschichten (2) an der Werkzeugwand und der Mittelschicht (4) dazwischen. In den Randschichten liegen die Fasern in Ausbreitungsrichtung der Schmelze, diese Orientierung ist der Scherströmung zuzuordnen. Der Orientierungsgrad ist abhängig der Fließfrontgeschwindigkeit. In der Mittelschicht sind die Fasern vorwiegend quer zur Fließrichtung angeordnet. Dies resultiert aus der vorliegenden Expansionsströmung. Da ein geringer Geschwindigkeitsgradient zwischen Mittelschicht und Randschicht vorliegt, können sich die Fasern nicht in Fließrichtung orientieren. Oftmals nehmen die Randschichten ca. 80 % des Querschnitts ein [67]. MENGES und GEISBÜSCH fanden auch heraus, dass die Faserorientierung nicht durch die Werkzeugwandtemperatur beeinflusst wird, ebenso wie die Änderung der Massetemperatur keinen signifikanten Einfluss hat. Bei teilkristallinen Polymeren fanden sie ferner heraus, dass die mechanischen Kennwerte stark abhängig der Massetemperatur sein können, auch wenn die Faserorientierung nicht verändert ist [67].

Reduziert man den Idealisierungsgrad (vgl. Abbildung 2.6, mitte), kann zwischen Werkzeugwand und Randschicht ein faserarmer Polymerfilm (1), der der faserarmen Fließfront zugeschrieben wird, beobachtet werden. Die wenigen Fasern, die vorhanden sind, können sich nicht mehr orientieren, da die Schmelze alsbald an der Werkzeugwand erstarrt. Zusätzlich liegt zwischen Rand- und Mittelschicht eine Übergangsschicht (3) mit vorwiegend regelloser Faserorientierung vor.

Weitere Reduzierungen des Idealisierungsgrades mit zusätzlichen Zwischen- und Übergangsschichten, ebenso wie der Einfluss unterschiedlicher Parameter auf die Ausprägung der entsprechenden Schichten sind in [52] zusammengefasst.

Wird von einer veränderlichen Faserorientierung gesprochen, meint man üblicherweise die Änderung über die Dicke der Platte. In den Randbereichen liegen durch die seitliche Begrenzung vergleichbare Strömungseffekte vor, daher bildet sich auch dort ein wie oben beschriebener Schichtaufbau (vgl. Abbildung 2.6, rechts).

Besonders bei der Herstellung von Prüfkörpern liegt hier ein großer Unterschied zwischen direkt in Probengeometrie spritzgegossenenen und aus spritzgegossenenen Platten heraus präparierten Probekörpern vor. Direkt spritzgegossene Probekörper besitzen eine faserarme Randschicht an allen Außenkanten, wohingegen aus Platten herausgefräste Probekörper eine *offene* Seite haben, nämlich die bearbeitete Seite. An dieser offenen Seite können Faserenden heraus schauen und herausgezogene Fasern einen Krater hinterlassen. Die Kontur ist nicht mit einem homogenen

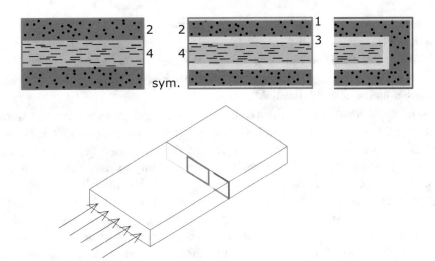

Abbildung 2.6 Prinzipskizze: Ausbreitung der Faserorientierung im Spritzguss über die Plattendicke. Links: stark idealisierte Darstellung mit 3 Schichten (Randschicht (2) - Mittelschicht (4) - Randschicht (2)), mittig und rechts: idealisierte Darstellung mit Übergangs- und Zwischenschichten (faserarmer Polymerfilm (1) - Randschicht(2) - Übergangsschicht (3) - Mittelschicht (4) - Übergangsschicht (3) - Randschicht (2) - faserarmer Polymerfilm (1)).

Matrixfilm überzogen. Auf diese Unterschiede wird in den Kapiteln Kapitel 4 näher eingegangen.

2.4.2 Spritzgusssimulation

In der Produktentstehung spielen Simulationen eine wichtige Rolle, da sie die Entwicklungszeit wesentlich verkürzen. In die Simulation, die die Realität möglichst exakt abbilden soll, gehen die Kennwerte des gewählten Materials ein. Daher ist die Kenntnis und Validität dieser Materialkennwerte (beispielsweise E-Modul, Spannungs- und Verformungsverhalten) zwingend erforderlich.

In der Designphase von Bauteilen unterstützen Simulationstools, die den Spritzgussprozess virtuell abbilden. Daher werden die in Abschnitt 3.3 ausgewählten Geometrien in der Spritzgusssimulation abgebildet und deren Ausprägung der Fließfront sowie resultierende Faserorientierung analysiert und bewertet.

Die Spritzgusssimulation teilt sich in drei Phasen auf: die Füll-, Kühl- und Nachdruckphase, anschließend können Schwindung und Verzug berechnet werden. Im Preprocessing wird ein 3D-Modell des zu untersuchenden Körpers vernetzt und die Randbedingungen wie beispielsweise Temperaturen, Materialkennwerte und Prozesseinstellungen definiert. Der Solver übernimmt das Lösen der Gleichungen. Er nutzt die angegebenen Randbedingungen als Grundlage. Im letzten Schritt, dem

Postprocessing, werden die generierten Ergebnisse auf Plausibilität geprüft und numerisch oder graphisch dargestellt.

Die Wahl des Berechnungsmodells und der eingehenden Parameter haben einen großen Einfluss auf die Ergebnisse der Simulation. Die Folgar-Tucker-Gleichung (2.1) [43] ist das standardmäßig verwendete Modell zur Berechnung der Faserorientierung.

$$\frac{Da_{ij}}{Dt} = -\frac{1}{2}\left(\omega_{ik}a_{kj} - a_{ik}\omega_{kj}\right) + \frac{1}{2}\lambda\left(\dot{\gamma}_{ik}a_{kj} + a_{ik}\dot{\gamma}_{kj} - 2a_{ijkl}\dot{\gamma}_{kl}\right) + 2C_i\dot{\gamma}\left(\delta_{ij} - 3a_{ij}\right)$$
(2.1)

Hierbei beschreibt $\frac{D}{Dt}$ die materielle Zeitableitung, a_{ij} den Faserorientierungstensor, $\frac{1}{2}\omega_{ij}$ den Drehgeschwindigkeitstensor und $\frac{1}{2}\dot{\gamma}_{ij}$ den Deformationsratentensor. C_i ist ein Faserinteraktionskoeffizient, der ein skalarer Wert ist und über den Vergleich mit Experimenten angepasst wird.

Diese Formulierung neigt dazu, die Änderungsrate des Orientierungstensors zu überschätzen. Daher wurde das Folgar-Tucker-Modell zur Reduzierung der Eigenwerte des Orientierungstensors um einen skalaren Reduzierungsfaktor erweitert [108]. Die Rotationsraten der Eigenvektoren bleiben unverändert. Die erweiterte Form ist das Reduced-Strain-Closure (RSC) Model. Hier ist a_{ijkl} aus der Foglar-Tucker-Gleichung mit

$$a_{ijkl} = \left[a_{ijkl} + (1-\kappa)\left(L_{ijkl} - M_{ijmn}a_{mnkl}\right)\right]$$
(2.2)

ersetzt.

Der skalare RSC-Faktor κ reduziert den Diffusionsterm. L_{ijkl} und M_{ijmn} sind Tensoren vierter Ordnung, die über die Eigenwerte und Eigenvektoren des Faserorientierungstensors a_{ij} mit

$$L_{ijkl} = \sum_{p=1}^{3} \sigma_p e_i^p e_j^p e_k^p e_l^p$$
(2.3)

und

$$M_{ijkl} = \sum_{p=1}^{3} \sigma_p e_i^p e_j^p e_k^p e_l^p$$
(2.4)

definiert sind.

Je kleiner κ ist, desto langsamer entwickelt sich der Orientierungstensor mit der Strömung, was eine ausgeprägtere Mittelschicht mit sich bringt. Eine Variation des RSC-Faktors mit festgelegtem Faserinteraktionskoeffizienten ist in Abbildung 2.7 links dargestellt. Deutlich ist zu erkennen, dass die Mittelschicht bei einem Wert von $\kappa = 0.1$ ausgeprägter ist als bei einem Wert von $\kappa = 0.3$. Im Vergleich liegt

Tabelle 2.3 Auflistung der Prozessgrößen für die Spritzgusssimulation.

Prozessgröße	Wert	Einheit
Steuerung	Volumenstrom	
Einspritzzeit	1	s
Werkzeugtemperatur	80	°C
Kühlzeit	20	s
Umschaltpunkt	99.5	%
Nachdruckzeit	25	s
Nachdruck	250	bar

bei $\kappa = 0.1$ die Tensorkomponente a_{11} bei 0.56, wohingegen sie bei $\kappa = 0.3$ bei 0.65 liegt. Wird $\kappa = 1$ gesetzt ist das RSC-Model auf die ursprüngliche Form des Folgar-Tucker-Modells zurückgesetzt [107].

Der Faserinteraktionskoeffizient C_i ist ein phänomenologischer skalarer Wert, der über geeignete Versuche ermittelt wird. Je größer C_i gewählt wird, desto größer wird die Faserinteraktion und somit die Ausprägung der Mittelschicht.

Eine detaillierte Übersicht über die verwendeten Simulationsparameter ist in Tabelle 2.3 zu finden.

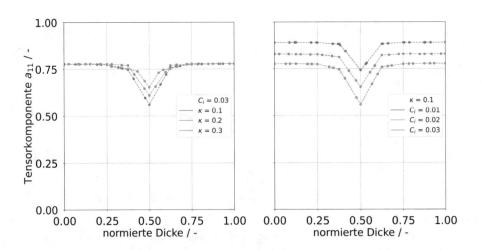

Abbildung 2.7 Simulation der Faserorientierung mit dem RSC-Model. Einfluss von C_i und κ auf die resultierende Faserorientierung.

2.5 Probenpräparation mittels Fräsen

Um Prüfkörper für die mechanische Prüfung zu generieren, können diese direkt spritzgegossen werden oder aus spritzgegossenen Platten mechanisch herausgearbeitet werden. Die bereits aufgeführten Gründe, die Faserorientierung zu beachten, schließen das direkte Spritzgießen als Herstellungsverfahren aus. Daher werden die Proben aus hochorientierten Prüfplatten mechanisch extrahiert. Hierfür bieten sich unterschiedliche Verfahren an. Das Stanzen eignet sich beispielsweise für unverstärkte Polymere, bei faserverstärkten Kunststoffen empfiehlt sich Wasserstrahlschneiden, Laserstrahlschneiden oder Fräsen [35, 87]. Unter anderem zeigt CODOLINI, dass die Präparationsart einen Einfluss auf die mechanischen Eigenschaften hat [20]. In der vorliegenden Arbeit wird ausschließlich das Fräsen als Präparationsmethode betrachtet, dieses Verfahren wird im Folgenden näher beschrieben.

Fräsen ist nach DIN 5850 ein trennendes Fertigungsverfahren, das zur Kategorie der spanenden Trennverfahren zählt [26]. Hierbei rotiert das Werkzeug und das Werkstück ruht. Dem Werkzeug wird eine eindeutige Drehzahl, Schnittgeschwindigkeit, Schnitttiefe und Vorschubgeschwindigkeit relativ zum Werkstück zugeordnet. Fräser können unterschiedliche Formen, Durchmesser, Scheiden, Zahnanzahl und Beschichtungen besitzen.

Trägt die Stirnseite des Werkzeugs das Material der Werkstückoberfläche ab wird von Stirnfräsen gesprochen. Wird die Oberfläche durch die Schneiden am Fräserumfang bearbeitet nennt sich das Verfahren Umfangsfräsen. Relativ zum Werkstück dreht sich der Fräser in oder gegen seine Vorschubrichtung. Abhängig der Drehrichtung spricht man von Gleichlauf- oder Gegenlauffräsen. Beim Gleichlauffräsen dreht sich der Fräser in seine Schneidrichtung, beim Gegenlauffräsen in die entgegengesetzte Richtung.

Die DIN EN ISO 527 [29] schreibt vor, dass alle Oberflächen der Probekörper frei von sichtbaren Mängeln, Kratzern oder anderen Fehlern sein müssen. Es ist darauf zu achten, dass die Oberfläche nicht beschädigt wird. Zudem ist eine starke Wärmeentwicklung im Probekörper zu vermeiden. Es wird nicht näher darauf eingegangen, wie Kratzer und sichtbare Mängel definiert sind. Auch bleibt die Entscheidung, ab welcher Temperaturdifferenz eine starke Wärmeentwicklung vorliegt, dem Bearbeiter überlassen. In Unterabschnitt 4.2.2 wird die Temperatur während des Fräsprozesses betrachtet.

2.6 Prüfmethoden

Es werden unterschiedliche Prüfverfahren und -methoden angewendet. Dieses Kapitel gibt einen Überblick über die angewandten Verfahren und das methodische Vorgehen. Es wird auf die Mikrocomputertomographie eingegangen, die die Faserorientierungsanalyse ermöglicht, das Prinzip eines Lichtmikroskops wird erklärt, die Ermittlung der Oberflächenrauigkeit mittels Topographie näher beleuchtet und zuletzt wird auf die mechanische Zugprüfung und ihrer Auswertung über digitale Bildkorrelation eingegangen.

2.6.1 Mikrocomputertomographie

Die Mikrocomputertomographie zählt zu den zerstörungsfreien Prüfverfahren. Üblicherweise wird allerdings nur ein kleines Element eines Formteils betrachtet, das beispielsweise über Fräsen extrahiert wird. Das ursprüngliche Bauteil muss dann zerstört werden. Die bildgebende Methode dient zur Analyse des Bauteilinneren, welches mit Röntgenstrahlung durchleuchtet wird. Die Strahlung wird nach dem Durchleuchten detektiert und als Durchlichtbild (Röntgenbild) abgespeichert. Man erhält ein Bild mit unterschiedlichen Graustufen. Je nach Materialdichte wird das Röntgenbild dunkelgrau bis hellgrau.

Die Auflösung des detektierten Röntgendurchlichtbildes wird über den Abstand zwischen Probe und Detektor definiert. Für eine benötigte Auflösung von 1.8 µm darf die Probe einen maximalen Durchmesser von 4 mm nicht überschreiten. Da der Probenteller in der Höhendimension verfahrbar ist, ist die Höhe der Probe unkritisch. Sollte die Höhe der Probe das Ausmaß der detektierbaren Fläche übersteigen, kann eine mehrstufige Aufnahme durchgeführt werden. Diese Aufnahmen werden nachträglich zusammengesetzt. Für das Volumenbild wird von der rotierenden Probe eine Bilderserie aufgenommen, aus der mit geeigneter Software Schnittbilder errechnet werden. Diese wiederum werden entsprechend analysiert und liefern Informationen über beispielsweise die Dichteverteilung im betrachteten Volumen. Auf diese Weise können aus den Bildern Informationen über die Lage der Einzelfasern im Probenvolumen gewonnen werden. Aus den Schnittbildern kann dann die Faserorientierung errechnet werden.

In Abbildung 2.8 ist eine Prinzipskizze des CT-Verfahrens zur Berechnung der Faserorientierung dargestellt. Die Faserorientierungsanalyse beginnt mit der Probenpräparation. An der Position des Formteils, an der die Probe entnommen werden soll, wird die Schmelzeflussrichtung mit einem Skalpell markiert. Dies ermöglicht die spätere Orientierung der Schnittbilder und das Zusammenführen des CT-Koordinatensystems mit dem Bauteil-Koordinatensystem. Es wird eine zylinderförmige Probe aus dem spritzgegossenen Formteil heraus gefräst und entgratet. Die Probe wird auf den Drehteller in der Röntgenkammer aufgeklebt (vgl. Abbildung 2.9), sodass sie während des Röntgenvorgangs nicht herunter fallen kann.

Der Drehteller mit aufgeklebter Probe wird für den Röntgenvorgang in die Positionierhilfe des Geräts eingesetzt. Nach jeder Einzelaufnahme wird der Drehteller um eine Schrittweite von 0.45° rotiert. Die Bilder werden in einem Messfenster von

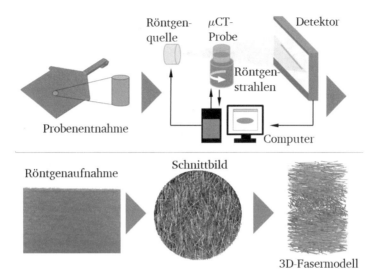

Abbildung 2.8 Prinzipskizze des Mess- und Detektierverfahrens Mikrocomputertomographie (Bild: Fraunhofer LBF).

180° aufgenommen. Wurde die Probe zur Hälfte gedreht, wird die Aufnahmeserie beendet. In Abbildung 2.9 ist ein Durchlichtbild einer µ-CT Probe dargestellt.

Die Serienbilder werden mit der Software NRecon der Firma Micro Phtonics Inc. rekonstruiert. So werden die Serienbildern in eine dreidimensionale geometrische Darstellung umgerechnet und als Schnittbilder über die Probenhöhe dargestellt. Für jede Schicht kann nun ein Schnittbild mit entsprechender Faseranordnung angeschaut werden (vgl. Abbildung 2.8 unten mittig).

Das Programm GF-Detect [48] berechnet dann im Anschluss ein 3D-Modell der Probe, die Faseranzahl, -länge, -dicke und -lage sowie die Orientierungstensoren und die Faserlängenverteilung aus den Schnittbildern. Der Faserorientierungstensor wird für die experimentelle Bestimmung und Bewertung der Faserorientierung herangezogen und in Abschnitt 3.5 eingeführt und diskutiert.

Für diese Arbeit wird kurzglasfaserverstärktes PBT GF 30 verwendet. Die Dichte der Glasfasern ist mit 2.55 g/cm^3 ungefähr doppelt so hoch, wie die des Matrixmaterials mit 1.14 g/cm^3. Die Absorption der Röntgenstrahlung hängt von der Dichte der einzelnen Bestandteile in der Probe ab. Die Menge der Röntgenstrahlung, die den Detektor erreicht variiert daher mit der Ausrichtung der Probe. Während der Rotation um die vertikale Achse wird die Probe aus verschiedenen Richtungen durchleuchtet und nach einer halben Umdrehung iterativ auf die nächste Stufe gefahren. Dies führt zu probenhöhenbezogenen Voxelinformationen über die Dichteverteilung. Die ermittelten Informationen werden in eine dreidimensio-

Abbildung 2.9 μ-CT Probe auf Probenhalter im Messraum des μ-CT Geräts (links), Durchlichtbild einer vollständigen μ-CT Probe: oben in grau die Probe, mittig in weiß der Kleber und unten in schwarz die Halterung (mittig), Auswertebereich eines Durchlichtbilds einer μ-CT Probe (rechts).

nale geometrische Darstellung der Probe umgewandelt und als Schnittbilder über die Probenhöhe abgespeichert.

Dieser Dichteunterschied ist in den Schnittbildern in unterschiedlichen Graustufen gut sichtbar und wird mit Hilfe einer Binarisierung verdeutlicht. Eine hohe Dichte wird in diesem Fall heller dargestellt, als eine vergleichsweise niedrigere Dichte. In Abbildung 2.8 unten mittig sind die Fasern in weiß dargestellt, das Matrixmaterial in dunkelgrau. Der durch die Binarisierung erreichte hohe Kontrast zwischen Faser- und Matrixmaterial ermöglicht dem Algorithmus von GF-Detect die Analyse der Faserlängen über eine Monte-Carlo Methode deren Ergebnis sämtliche Vektordaten jeder detektierten Einzelfaser ist. Unter Vektordaten soll hier der Startpunkt, der Richtungsvektor, die Länge und der Durchmesser verstanden werden. Es wird angenommen, dass die Fasern einen konstanten Durchmesser besitzen und nur eine kleine Krümmung vorweisen, was für Glasfasern hinreichend zutrifft.

Die Faserorientierungsanalyse mittels GF-Detect hat gegenüber der konventionellen lichtmikroskopischen Analyse anhand polierter Schliffbilder (siehe Unterabschnitt 2.2.2) den Vorteil, dass die lokale räumliche Bestimmung der Faserorientierung und -verteilung in einem Schritt erfolgen kann.

2.6.2 Lichtmikroskop

Wie auch die Mikrocomputertomographie ist die Mikroskopie ein zerstörungsfreies bildgebendes Verfahren. Die mikroskopischen Aufnahmen werden im Auflichtmodus aufgenommen, dies gibt ein Abbild der vergrößerten Oberfläche. Im Auflichtmodus wird über die innere Struktur keine Information erhalten.

Abbildung 2.10   Lichtmikroskop BX50 (links) und Probeneinspannung im Lichtmikroskop: Es ist auf eine horizontale Einspannung zu achten (rechts).

Zugproben können direkt unter dem Mikroskop betrachtet werden, somit bietet es eine einfache Möglichkeit die Oberflächenstruktur zu analysieren und Auffälligkeiten zu lokalisieren.

Wichtig ist eine horizontale Einspannung der Zugproben. Es ist darauf zu achten, dass beide Schultern der Zugprobe bündig auf dem Teller des Probenhalters aufliegen (vgl. Abbildung 2.10 rechts). So kann ein konstanter Abstand zwischen der aufzunehmenden Fläche und dem Objektiv gewährleistet werden und bei einer Serienbildaufnahme ein großflächig scharfes Bild erzeugt werden.

2.6.3 Oberflächentopographie

Die Oberflächentopographie beschreibt das Höhenprofil der Oberfläche eines Körpers. Topographie bezeichnet die Messtechnik, welche die entsprechende Oberfläche abrastert. Sowohl 2D-Scans, die als Linienscans verstanden werden können, als auch 3D-Scans, die als Flächenscans verstanden werden können, sind möglich [24]. Es existieren sowohl taktile, als auch berührungslose optische Verfahren, bei denen die zu vermessende Fläche mit einem Laserstrahl beleuchtet wird und die Oberfläche den Strahl reflektiert [112]. Über Defokussierung oder Triangulation kann das Höhenprofil der Oberfläche berechnet werden [81]. Wie in Abbildung 2.11 gezeigt trifft der reflektierte Laserstrahl abhängig der Höhe an einer spezifischen Position des Sensors auf. Diese Position ist direkt proportional zur lokalen Höhe der Oberfläche.

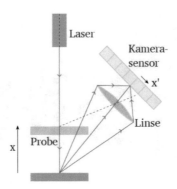

Abbildung 2.11   Prinzipskizze des Triangulationsverfahrens zur Ermittlung des Höhenprofils für die Bestimmung der Oberflächenrauigkeit [81].

Prinzipiell ist es möglich Linien- und Flächenscans aufzunehmen [24] (vgl. Abbildung 2.12).

Abbildung 2.12   Prinzipskizze eines Linienscans (blau) und Flächenscans (schwarz) am Zugstab in der Topographiemessung.

Der probenparallele Bereich des BZ6 hat eine Länge von 6 mm (vgl. Unterabschnitt 4.1.3). Damit der gesamte Bereich erfasst werden kann ist die aufgenommene Strecke länger und wird in einer Auswerteroutine im Nachgang zur Berechnung der Rauigkeitswerte gekürzt. Für eine höhere Vergleichbarkeit wird in der Auswerteroutine wie folgt vorgegangen. Die Nummerierung entspricht der Kennzeichnung in Abbildung 2.13.

(1) Der niedrigere Randwert des Profils wird gesucht,

(2) davon ausgehend wird gegenüberliegend der entsprechend nächstliegende zweite Wert gesucht.

(3) Mittig dieser Verbindungslinie wird ein Lot gefällt.

(4) Von diesem Basispunkt wird die halbe Länge des probenparallelen Bereichs in beide Richtungen genutzt. Für den BZ12 dementsprechend 6 mm, für den BZ6 3 mm in jede Richtung.

Alle Messpunkte, die außerhalb des beschriebenen Bereichs liegen werden für die
Berechnung der Rauigkeitswerte und Auftragung des Höhenprofils außer Acht gelassen. Der Fall, dass der Grund des Profils winklig aufgenommen wurde ist mit
der Annahme abgedeckt, dass für kleine Winkel eine Verschiebung der Grenzen
unwesentlich ins Gewicht fällt.

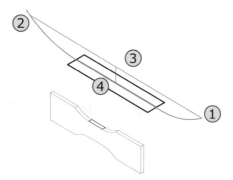

Abbildung 2.13   Position des Höhenprofils am Beispiel eines Zugstabs.

Rauigkeitskennwerte

Viele Disziplinen beschäftigen sich mit dem Thema der Oberflächenrauigkeit, wie
beispielsweise die Geodäsie, Biologie und Tribologie, als auch die Ingenieurswis-
senschaften [97]. Die Oberflächenrauigkeit ist ein Maß der Unebenheit und gibt
Informationen über die Höhenunterschiede auf der Oberfläche. Unregelmäßigkeiten
mit kurzen Intervallen bestimmen die Rauigkeit, bei längeren Intervallen wird von
Welligkeit gesprochen. Somit ist die Skala extrem abhängig von der untersuchten
Oberfläche. Werden in der Geodäsie beispielsweise Teile der Erdoberfläche und Berge vermessen, bewegt sich die Skala im Kilometer-Bereich. In anderen Feldern, wie
der Tribologie liegt die entsprechende Skala im Mikrometer-Bereich.

Um den Zustand der Oberflächenbeschaffenheit zu bewerten, werden in industriellen Anwendungen häufig 2D Rauigkeitswerte verwendet [91]. Solche Parameter
lassen sich mit tragbaren Messgeräten oder Standgeräten, in die das zu vermessende Bauteil eingelegt wird, einfach und schnell ermitteln. In Einzelfällen empfiehlt
sich eine wesentlich aufwändigere 3D Messung [55]. In Unterabschnitt 4.5.1 ist der
Vergleich von 2D und 3D Oberflächenrauigkeitsprofilen verglichen.

Auf Grund der Vielzahl von Rauigkeitskennwerten, ist eine Auswahl von pas-
senden Kennwerten der Anwendung entsprechend notwendig. Eine Übersicht über
ausgewählte und häufig genutzte Rauigkeitskennwerte ohne den Anspruch auf Vollständigkeit ist in Tabelle 2.4 gegeben.

Aus der Fülle an Rauigkeitskennwerten wird der arithmetische Mittenrauwert
und die maximale Rautiefe für die weiteren Betrachtungen ausgewählt. Der Ein-

Tabelle 2.4 Übersicht über ausgewählte Rauigkeitskennwerte mit deutscher und englischer Bezeichnung ohne Anspruch auf Vollständigkeit nach [47].

Zeichen	Bezeichnung	indication
R_a	arithmetischer Mittenrauwert	arithmetic average height
R_t	maximale Rautiefe	maximum peak to valley hight
R_{zi}	Einzelrautiefe	R_t in specific length
R_z	mittlere Rautiefe	mean of all R_{zi}
R_q	quadratischer Mittenrauwert	root mean square roughness
R_p	maximale Spitzen-Höhe	maximum hight of peaks
R_v	maximale Tal-Tiefe	maximum depth of valley
H_s	Rauigkeitshöhe Ebenheit	roughness height skewness
H_u	Rauigkeitshöhe Gleichmäßigkeit	roughness height uniformity

fachheit halber wird der arithmetische Mittenrauwert im weiteren Verlauf Mittenrauwert, die maximale Rautiefe nur Rautiefe genannt.

Arithmetischer Mittenrauwert

Der rechnerische Mittelwert des absoluten Rauheitsprofils wird arithmetischer Mittenrauwert genannt und mit R_a bezeichnet. In Abbildung 2.14 ist er visualisiert. Die Berechnung erfolgt über das Integral der Einzelrauigkeitsmesswerte dividiert durch die Länge der Messstrecke.

$$R_a = \frac{1}{l} \int z(x)dx \qquad (2.5)$$

Auf Grund der Mittelwertbildung reagiert der arithmetischer Mittenrauwert unempfindlich gegenüber extremen Profilspitzen und -tälern. Der quadratische Mittenrauwert liegt im Vergleich zum arithmetischen Mittenrauwert etwas höher und verleiht den Maxima sowie den Minima eine höhere Gewichtung. Auf Grund der Ähnlichkeit zum arithmetischen Mittenrauwert wird dieser Wert in der weiteren Analyse nicht betrachtet.

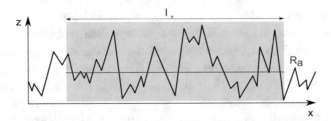

Abbildung 2.14 skizzierte Darstellung des arithmetischen Mittelwerts R_a.

Maximale Rautiefe

Die maximale Differenz von tiefster Riefe zu höchster Spitze innerhalb der gesamten Messstrecke wird als maximale Rautiefe bezeichnet. Sie wird mit R_t bzw. R_{max} abgekürzt. Dieser Wert liefert keine Informationen über die Verteilung des Höhenprofils. Die sogenannte Gesamthöhe des Rauheitsprofils ist in Abbildung 2.15 skizziert.

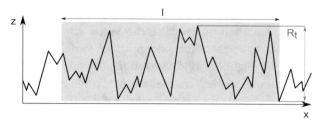

Abbildung 2.15 skizzierte Darstellung der maximalen Rautiefe R_t.

Die maximale Rautiefe hängt unter Umständen auch von der Messtechnik ab, da ausschließlich aus zwei Messwerten die Differenz gebildet wird. Bei wiederholter Messung können Abweichungen auftreten.

$$R_t = R_{max} - R_{min} = z_{max} - z_{min} \tag{2.6}$$

Oftmals wird die mittlere Rautiefe R_z angegeben, die die gesamte Messstrecke in beispielsweise fünf oder zehn Einzelstrecken teilt. Aus den Einzelmessstrecken wird dann die spezifische maximale Rautiefe berechnet, aus den gemittelten spezifischen maximalen Rautiefen kann dann die mittlere Rautiefe abgeleitet werden. Diese Methode verringert die Empfindlichkeit der maximalen Rautiefe gegenüber Einzelmesswerten, da eine einzelne Profilspitze weniger Anteil an dem Vergleichswert hat.

In der vorliegenden Arbeit wird die maximale Rautiefe zum Vergleich der Oberflächenprofile genutzt. Da sie den größten Abstand zwischen Tal und Profilspitze abbildet könnte man diesen Wert als besonders konservativ beschreiben. .

2.6.4 Quasi-statische Zugprüfung

Das zerstörende Prüfverfahren ist für Polymere in der DIN EN ISO 527 [29] genormt. Zwischen zwei Traversen, wovon eine fest steht und die andere verfahrbar ist, wird eine Probe in entsprechend passende Klemmen eingespannt und mit konstanter oder veränderlicher Geschwindigkeit bis zum Versagen oder bis zu einem definierten Zustand belastet. Man unterscheidet allgemein zwischen Zugversuchen bei statischer, quasi-statischer, zyklischer und schlagartiger Beanspruchung [116].

Ruhende konstante Belastungen fallen unter den statischen Versuch, bei monoton steigender stoßfreien Belastung wird von quasi-statischem Versuch gesprochen. Zyklische Zugversuche unterliegen einer zyklischen Last, ebenso wie schlagartige Zugversuche schlagartig belastet werden. Im Allgemeinen werden für quasi-statische Zugversuche langsame Prüfgeschwindigkeiten gewählt die im Bereich von 0.1 mm/min bis 10 mm/min liegen. Aus der aufgenommenen Kraft und Verschiebung können mechanische Kennwerte berechnet werden, beispielsweise die Zugfestigkeit, der Elastizitätsmodul (kurz E-Modul), die Streckgrenze oder die Energieaufnahme der Probe. Die Dehnung kann auf unterschiedliche Weise ermittelt werden. Beispielsweise bieten sich Dehnungsmessstreifen oder optische Verfahren an. In dieser Arbeit wird das Verfahren der digitalen Bildkorrelation (digital image correlation, kurz: DIC) angewendet, um das lokale Verschiebungsverhalten zu ermitteln.

Im nachfolgenden Unterabschnitt 2.6.5 wird auf die DIC und die Probenvorbereitung dafür näher eingegangen.

Mechanische Kennwerte

Werkstoffe besitzen naturgemäß individuelle Eigenschaftsprofile. Ihrer Kenndaten sind in der Regel nicht konstant, sie werden der Einfachheit halber aber manchmal so dargestellt. Dies reduziert den Rechenaufwand und erhöht die Ungenauigkeit der Prognose einer Simulation.

Polymere zeigen unter mechanischer Beanspruchung im Vergleich zu anderen Werkstoffgruppen ein ausgeprägtes elastisches und plastisches Verhalten [70]. Elastisches Verhalten zeichnet sich durch einen vollständigen sofortigen Rückgang der Formänderung aus. Erfolgt die Rückstellung zeitverzögert spricht man von viskoelastischem Verhalten. Plastizität beschreibt die erhaltene Formänderung nach Entlastung. Erfolgt eine zeitverzögerte teilweise Rückstellung mit resultierender Formänderung wird von viskoplastischem Verhalten gesprochen. Dieses polymertypische Reaktion hat zur direkten Folge, dass Kennwerte wie beispielsweise Spannungswerte, Dehnungswerte und der E-Modul nicht nur temperaturabhängig, sondern auch von der Belastungszeit und -geschwindigkeit abhängen, ebenso wie von äußeren Faktoren wie Medieneinfluss, UV-Strahlung oder auch das Alter [30].

Aus mechanischen Versuchen wie zum Beispiel dem Zugversuchen kann das mechanische Verhalten eines Werkstoffs abgeleitet werden. Üblicherweise wird es in einem Spannungs-Dehnungs-Diagramm dargestellt. In Abbildung 2.16 ist ein solches Diagramm skizziert. Auf der Abszisse ist die Dehnung aufgetragen, die Ordinate gibt die dazugehörigen Spannungswerte an. Üblicherweise wird die wahre Spannung über der Hencky-Dehnung angegeben. In den in Abschnitt 2.6.4 sind die Grenzwerte zur Berechnung des E-Moduls aufgeschrieben. Im Folgenden wird näher auf die Begriffe Spannung und Dehnung eingegangen, sowie der Elastizitätsmodul eingeführt.

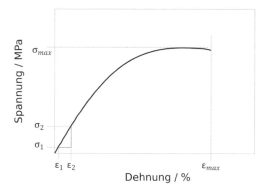

Abbildung 2.16 Prinzip des Spannungs-Dehnungs-Diagramms mit den eingetragenen Grenzen für die Berechnung des E-Moduls.

Spannung

Die allgemeine Definition von Spannung wird im Kontext mechanischer Prüfungen oftmals auch technische Spannung σ_t

$$\sigma_t = \frac{F}{A_0} \qquad mit \qquad A_0 = b_0 \, d_0 \tag{2.7}$$

genannt und berechnet sich aus dem Quotienten der anliegenden Kraft F und der Ursprungsfläche A_0. Die Verringerung des Querschnitts geht in die wahre Spannung

$$\sigma_w = \frac{F}{A} \qquad mit \qquad A = b \, d \tag{2.8}$$

mit ein. Hier beschreibt A den tatsächlichen Querschnitt, der sich aus der aktuellen Probenbreite b und der aktuellen Probendicke d berechnen lässt.

Zur Untersuchung des Materialverhaltens wird in der vorliegenden Arbeit die wahre Spannung herangezogen. In späteren Diskussionen wird die maximale Spannung zum Vergleich verwendet. Sie ist in Abbildung 2.16 eingezeichnet.

Dehnung

Die technische Dehnung ε_t

$$\varepsilon_t = \frac{l - l_0}{l_0} = \frac{\triangle l}{l_0} \tag{2.9}$$

auch Cauchy-Dehnung genannt, ist definiert als Quotient aus der Längenänderung $\triangle l$ und der Ausgangslänge l_0. Die Ausgangslänge ist die Länge des parallelen Bereichs der Probe vor der ersten Krafteinleitung. Sie ist eine Konstante und ändert sich über die Versuchsdauer nicht. Die Längenänderung in diesem Fall bezieht sich auf die Verschiebung der Traversen. Maschinenverformung, sowie die Verformung des Schulterbereichs der Probe sind in der technischen Dehnung erhalten. Auf Grund dieser Störgrößen kann keine Aussage über die Querkontraktionszahl gemacht werden.

Die logarithmische Dehnung oder Hencky-Dehnung

$$\varepsilon_{log} = \int_0^l \frac{1}{x} dx = ln(\frac{l}{l_0}) \tag{2.10}$$

setzt sich aus der aktuellen Probenlänge l und der Ausgangslänge l_0 zusammen. Aussagen über die tatsächliche Längenänderung und Querkontraktion einer Probe können nur mit der Hencky-Dehnung getroffen werden.

Daher wird im weiteren Verlauf dieser Arbeit ausschließlich die Hencky-Dehnung betrachtet. Die maximale Dehnung, wie in Abbildung 2.16 dargestellt, wird zur Diskussion herangezogen.

Elastizitätsmodul

Der Elastizitätsmodul (E-Modul) wird auch Zugmodul, Elastizitätskoeffizient, Dehnungsmodul oder Youngscher Modul genannt. Er wird im linear-elastischen Hooke'schen Bereich bestimmt und beschreibt die Steigung in einem definierten Bereich der Spannungs-Dehnungs-Kurve. Üblicherweise wird er in Megapascal (MPa) oder Gigapascal (GPa) angegeben [29].

Für Polymere wird üblicherweise der Bereich zwischen $\varepsilon_1 = 0.05$ % und $\varepsilon_2 = 0.25$ % gewählt (vgl. 2.11). Dies ist in DIN EN ISO 527 - 1 festgelegt [29]. Des weiteren findet sich in der Literatur eine weniger häufig angewandte Methode, den E-Modul mittels Ursprungssteigung zu berechnen [30]. Hierbei wird die untere Dehnungsgrenze auf den Ursprung gelegt, die obere Dehngrenze liegt oft bei $\varepsilon 2 = 0.25$ %. Grund dieser Herangehensweise liegt im nicht linearen Werkstoffverhalten. Die Grenzen, die in DIN EN ISO 527 angegeben sind, sind aus dem Bereich der metallischen Werkstoffprüfung abgeleitet. Metalle weisen im Bereich kleiner Dehnungen ein lineares Verhalten auf und zeigen somit ein grundlegend anderes Spannungs-Dehnungs-Verhalten als polymere Werkstoffe.

$$E = \frac{\sigma_2 - \sigma_1}{\varepsilon_2 - \varepsilon_1} = \frac{\sigma_{0.0025} - \sigma_{0.0005}}{\varepsilon_{0.0025} - \varepsilon_{0.0005}} \tag{2.11}$$

Da die mechanischen Kennwerte über DIC berechnet werden ist ein starkes Rauschen in den Spannungs-Dehnungs-Kurven zu erkenne. Aus diesem Grund wird der Bereich zur E-Modul Bestimmung auf $\varepsilon_1 = 0.05$ % bis $\varepsilon_2 = 0.5$ % erweitert.

2.6.5 Digitale Bildkorrelation

Im Vergleich zu anderen Dehnungsmessverfahren hat die Digitale Bildkorrelation (englisch: digital image correlation, kurz DIC) den Vorteil, dass es kontaktlos abläuft und keine Störgröße durch physischen Kontakt mit der Probe in die Ergebnisse des Zugversuchs einbringt. Die über den Traversenweg ermittelte Verschiebung lässt sich für die Ermittlung der Dehnung aus zwei Gründen nicht anwenden. Erstens kann mit dieser Methode nur ein über die gesamte Probenlänge gemittelter Dehnungswert ausgegeben werden und zweitens sind in der Traversenverschiebung Effekte der Maschinensteifigkeit enthalten, die einen Einfluss auf die Messergebnisse besitzen [60]. Bei der Betrachtung des Dehnungsfeldes können Inhomogenitäten analysiert werden.

In der Probenvorbereitung wird der auszuwertenden Bereich mit einem zufälligen Punktemuster lackiert um das lokale Verschiebungsverhalten mittels Kameraaufnahme zu verfolgen. Hierfür wird der Prüfbereich des Probekörpers zuerst schwarz grundiert um Reflexionen zu vermeiden. Nach der Trocknung der Farbe wird der entsprechende Bereich mit einem stochastischen weißen Punktemuster versehen (vgl. Abbildung 2.17). Eine Serienaufnahme der Probe während des Zugversuchs ermöglicht es, über die Verschiebung und Verzerrung dieser weißen Punkte relativ zueinander die lokale Dehnung zu berechnen.

Abbildung 2.17   Eingespannte und lackierte Zugprobe in den Klemmbacken einer Zugprüfmaschine.

Das DIC-Verfahren bedient sich Korrelationsmethoden um die Verzerrung des Grauwertmusters eines Bilderstapels zu analysieren. Hierfür wird das Muster auf dem Prüfbereich der Probe in sogenannte Facetten, also Bereiche, eingeteilt. Jede Facette hat ein einzigartiges Grauwertmuster. Während die Verschiebung aufgebracht wird und sich die Probe deformiert, werden die Facetten optisch verfolgt und in der nachgeschalteten Auswertung mit einem Referenzbild verglichen. Ergebnis der Grauwertkorrelation ist ein Verschiebungs- und Dehnungsfeld auf der Oberfläche der Probe des betrachteten Bereichs. Über einen festgelegten Mittelungsbereich wird aus dem Dehnungsfeld ein skalarer Vergleichsdehnungswert zur eindeutigen Beschreibung des Spannungs-Dehnungs-Verhaltens abgeleitet. Detailliertere Informationen bezüglich dieses Verfahrens sind unter anderem in [10, 25, 60] und [82] nachzulesen.

Vor der mechanischen Prüfung wird die Prüfgeometrie vermessen. Die Ausgangsmaße der Dicke und die Breite des Prüfbereichs sind hierbei für die Ermittlung der Hencky Dehnung von Interesse. Gemessen werden üblicherweise drei Positionen, die dann gemittelt in die Berechnung einfließen.

3 Entwicklung einer hochorientierten Prüfplatte

In diesem Kapitel wird auf die Entwicklung der hochorientierten Prüfplatte eingegangen. In Abschnitt 3.1 werden die Anforderungen an die hochorientierte spritzgegossene Prüfplatte definiert. Es folgt eine Auflistung unterschiedlicher Konzeptionierungen in Abschnitt 3.2 mit Erklärungen sowie schematischen Darstellungen. Die dargelegten Konzepte werden auf Grundlage des standardisierten Bewertungsverfahrens nach VDI 2225 [100] in Abschnitt 3.3 bewertet. Das ausgewählte Konzept wird in Abschnitt 3.4 detailliert vorgestellt und die Geometrie final angepasst. Schlussendlich werden nach der Realisierung des Spritzgusswerkzeugs Proben hergestellt und das erarbeitete Prinzip validiert. Dies ist in Abschnitt 3.5 dargelegt.

Spritzgegossene Bauteile aus kurzfaserverstärkten Thermoplasten weisen lokal inhomogene Faserorientierungen auf, die sich durch rheologische Effekte ergeben (vgl. Abschnitt 2.2). Diese Inhomogenitäten, also die unterschiedlich orientierten Faserzustände, führen zu anisotropem Materialverhalten, was die rechnergestützte Auslegung der Bauteile im Vergleich zur Auslegung isotroper Materialien erschwert [11, 93]. Detaillierte Informationen über makroskopische, faserorientierungsabhängige Materialdaten sind Voraussetzung für eine akkurate mechanische Simulation [78]. Daher ist eine Prüfung mit bekannten und homogenen Faserorientierungszuständen notwendig. Die in Abschnitt 1.1 beschriebenen hochorientierten Prüfplatten und -körper erlauben eine mechanische Prüfung ausschließlich in Faserlängsrichtung. Quer zur Hauptfaserorientierung können aufgrund der zu schmalen Geometrie keine Proben entnommen werden. Zur vollständigen Charakterisierung eines faserverstärkten Materials ist aber auch eine Prüfung unter weiteren Extraktionswinkeln erforderlich. Daher wird eine verbreiterte Prüfplatte mit hoher Faserorientierung entwickelt.

3.1 Anforderungen

In Abschnitt 1.1 wird der Mangel an einer hochorientierten Prüfplatte dargestellt, die eine Probenextraktion unter beliebigen Winkeln erlaubt. Um diese Lücke zu schließen, werden Ansätze für eine hochorientierte Prüfplatte erarbeitet und aus

der finalen Geometrie ein innovatives Spritzgusswerkzeug ausgelegt. Die bekannte DKI-Platte (vgl. Abbildung 2.3) dient als Anhaltspunkt und wird als Basis-
geometrie genutzt. Alle geometrischen Elemente werden systematisch angepasst.
Die Hauptanforderungen an die neue Platte, und damit einhergehend auch an das
Spritzgusswerkzeug sind nun aufgelistet und im Folgenden näher erläutert.

(1) Faserorientierungsgrad größer als 80 %
   $\rightarrow$ homogene Faserorientierung im Prüfbereich über die Dicke der Platte und
   an den relevanten Positionen
   $\rightarrow$ keine Umorientierung der Fasern
   $\rightarrow$ keine Schichtbildung

(2) hohe Scherrate
   $\rightarrow$ ermöglicht das Orientieren der Fasern

(3) hinreichende Breite zur winkelunabhängigen Probekörperextraktion
   $\rightarrow$ Breite größer gleich 40 mm

(4) einsetzbar für Standardspritzgussmaschinen
   $\rightarrow$ Schattenfläche kleiner als 12 000 mm^2
   $\rightarrow$ Zuhaltekraft kleiner als 800 kN

Die erste Anforderung an die auszulegende Platte ist eine hohe Faserorientierung. Es wird daher eine Prüfplatte entwickelt, die am Fließwegende einen Prüfbereich besitzt, der eine hohe Faserorientierung aufweist. Aus diesem Bereich können
später die Proben für die mechanische Prüfung entnommen werden. Die Zielgröße
liegt hier bei einem Faserorientierungsgrad von mindestens 80 %, somit sollen mindestens 80 % der vorliegenden Fasern in dieselbe Richtung ausgerichtet sein. Über
die Dicke der Platte darf keine Umorientierung der Fasern stattfinden, es darf keine
Mittelschicht entstehen. Zudem soll die Faserorientierung im Prüfbereich hoch sein.
Aus dem Prüfbereich werden später beispielsweise Zugstäbe extrahiert, die einen
mittigen Auswertebereich besitzen (vgl. Abbildung 4.3, grauer Bereich). Daher ist
eine hohe Faserorientierung im Prüfbereich ganz besonders wichtig. Dies schließt
mit ein, dass in der Plattenmitte über die Dicke gesehen keine Umorientierung der
Fasern vorliegt. Zur Überprüfung der real vorliegenden Faserorientierung werden
in diesem Bereich Messungen an unterschiedlichen Positionen aufgenommen und
evaluiert (vgl. Abschnitt 3.5).

Der Faserorientierungsgrad hängt von der Geschwindigkeit der Schmelze, also
von der Fließfrontgeschwindigkeit, und der Scherung innerhalb der Schmelze ab
(vgl. Unterabschnitt 2.4.1). Je höher die Scherung in der flüssigen Polymerschmelze ist, desto höher ist der Orientierungsgrad der Verstärkungsfasern. Daher ist die
zweite Anforderung eine hohe Scherrate und damit eine hohe Fließfrontgeschwindigkeit anzustreben, die über eine Beschleunigung der Schmelze realisiert wird.

Als größtes Defizit der bestehenden Optionen ist deren geringe Breite anzusehen.
Damit fehlt die Möglichkeit einer Prüfung außerhalb der Faserhauptorientierung.

Daher ist die dritte Anforderung eine Anpassung der Geometrie. Als Zielgröße wird eine Breite von 40 mm angestrebt. Je breiter der Prüfbereich der Platte ist, desto länger können die Proben unter 90° Extraktionswinkel sein. Daher ist eine maximale Breite anzustreben.

Die zu entwickelnde Platte soll auf einer Standardspritzgussmaschine herstellbar sein. Daher wird die vierte Anforderung an die verfügbare Spritzgussmaschine angepasst. Die Größe der Kavität, also der Werkzeugform, ist abhängig von der Zuhaltekraft. Sie wird über die Schattenfläche bestimmt. Der Querschnitt der Kavität gibt die Schattenfläche an. Mit einer Zuhaltekraft von 800 kN begrenzt sich die Schattenfläche der neuen Prüfplatte auf 12 000 mm^2.

Anhand dieser Anforderungen werden unterschiedliche Konzepte entwickelt, diskutiert und anschließend in Abschnitt 3.3 bewertet.

3.2 Konzeptionierung

Es werden sehr unterschiedliche Konzeptideen für die Umsetzungsstrategien einer hochorientierten Prüfplatte gesammelt. Die verschiedenen Ansätze werden verglichen, bewertet und der vielversprechendste verfolgt.

Unter dem Begriff Konzept sind hier die unterschiedlichen Umsetzungsarten zur Realisierung zusammengefasst. Der Aufwand der Umsetzung wie auch die Gestaltung des Spritzgusswerkzeugs soll in der Phase der Ideenfindung bewusst außen vor gelassen werden, um möglichst kreative und vielfältige Ansätze zu generieren. Nach der Festlegung auf ein umsetzbares Konzept folgt die finale Optimierung der Geometrie.

Die folgenden Konzepte beruhen auf unterschiedlichen Grundansätzen. Ein Ansatz verfolgt die Strategie einer Geometrieoptimierung aus bereits bestehenden hochorientierten Platten. Dies beinhaltet das Anpassen einer bestehenden Plattengeometrie an die genannten Anforderungen, sowie das Überarbeiten des Spritzgusswerkzeugs. Möglichkeiten werden hier in der Technik des Überspritzens gesehen, bei der es ein Reservoir am Fließwegende der Kavität gibt, in dem das überschüssige Material gesammelt werden kann. Ein weiterer Grundansatz ist das Herausarbeiten der hochorientierten Rand- oder Mittelschicht aus bestehenden Platten und dem Fügen zu einer neue Prüfplatte in einem zweiten Arbeitsschritt.

Faserverstärkte spritzgegossene Prüfplatten werden üblicherweise in drei unterschiedliche Bereiche eingeteilt: Angussbereich, Orientierungsbereich, Prüfbereich (vgl. Abbildung 3.1). Der Angussbereich umfasst sowohl den Kanal von der Einspritzdüse zur Kavität, als auch den Einlass in die Form. Dort erweitert sich der Querschnitt. Zum einen begünstigt dies das homogene Einleiten der Schmelze in den Orientierungsbereich, zum anderen wird das Aufweiten zum Vororientieren der Verstärkungsfasern eingesetzt. Der Angussbereich geht in den Orientierungsbereich

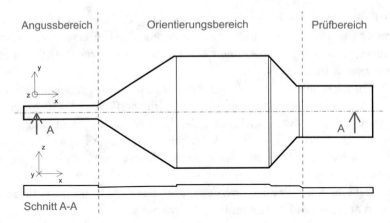

Abbildung 3.1 Schematische Darstellung der hochorientierten Prüfplatte mit eingezeichneten Bereichen des Angusses, der Orientierung der Verstärkungsfasern und für die Entnahme der Proben. In der Schnittdarstellung sind die unterschiedlichen Dicken der Bereiche zu erkennen.

über. Nach einer Phase mit konstantem Querschnitt verjüngt er sich wieder, um die Schmelze zu beschleunigen und eine hohe Scherrate, die eine hohe Faserorientierung begünstigt, zu erzeugen. Am Fließwegende befindet sich der Prüfbereich. Dieser soll den geometrischen Anforderungen entsprechend hinreichend breit sein. Hier liegen die Fasern final orientiert vor und die Probekörper können entnommen werden.

3.2.1 Erweiterung des Kavitätsvolumens über Fließweglänge

Die Faserorientierung bildet sich hauptsächlich über den Gradienten in der Strömungsgeschwindigkeit aus (vgl. Abschnitt 2.2). Daher liegt es nahe, das Fließen der Schmelze möglichst lange aufrecht zu erhalten. Dies kann beispielsweise über eine Erweiterung des Kavitätsvolumens über die Füllzeit realisiert werden. Es werden drei Ansätze mit veränderlicher Fließweglänge vorgestellt, bei denen das Volumen der Kavität über einen Schieber vergrößert wird.

Startpunkt des Schiebers im Prüfbereich

Hierfür ist ein beweglicher Schieber denkbar, der sich am Beginn des Prüfbereichs befindet (vgl. Abbildung 3.2). Sobald die flüssige Schmelze den Orientierungsbereich vollständig ausgefüllt hat, verfährt der Schieber kontinuierlich, erweitert somit das Volumen der Kavität und öffnet den Prüfbereich. Die Schmelze strömt deutlich langsamer als in einer freien Füllung in den sich erweiternden Hohlraum. Eine Scherung zwischen Randschicht und flüssiger Seele bleibt somit bis zum Ende der

Füllphase gewährleistet. Über die Schiebergeschwindigkeit können unterschiedliche Szenarien abgebildet werden.

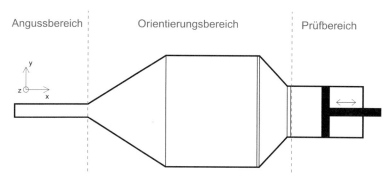

Abbildung 3.2   Schematische Darstellung der hochorientierten Prüfplatte mit Schieber: die Schmelze wird injiziert und gleichzeitig die Kavität durch einen Schieber erweitert.

Startpunkt des Schiebers nach dem Prüfbereich

Ebenfalls denkbar sind andere Startpunkte des Schiebers, wie beispielsweise eine Startposition, die nach dem Fließwegende des Prüfbereichs liegt. Dies ist in Abbildung 3.3 skizziert. Bei dieser Modifikation erweitert der Schieber nicht den Prüfbereich, sondern gibt nach dessen Füllung einen Überlauf frei, sodass die flüssige Seele länger strömt, als die benötigte Füllzeit der Kavität. Er verfährt erst dann, wenn ihn die Schmelzefront erreicht hat. Ist die Kavität vollständig gefüllt und die Schmelze in der Mittelschicht noch flüssig, erweitert der Schieber den Werkzeuginnenraum, sodass in der Nachdruckphase Material im Inneren nachströmen kann, während die Randschichten bereits erstarrt sind. Herausforderungen werden hier in einer erstarrten Außenhaut gesehen, die mit der diskontinuierlichen Schieberstellung aufreißen kann oder über externe Wärmezufuhr im flüssigen Zustand gehalten wird.

Kombination

Eine weitere Möglichkeit bietet die Kombination beider genannten Optionen. Hierbei ist es denkbar, dass der Schieber schon während der Kavitätsfüllung verfährt und nach vollständiger Füllung der Kavität Material in einen Überlauf strömen kann. Ist die eigentliche Kavität gefüllt ist eine verringerte Verfahrgeschwindigkeit des Schiebers für die Nachdruckphase vorstellbar, sodass die Schmelze weiterhin nachfließen kann. Dies hält die Scherung zwischen Rand- und Mittelschicht in der Schmelze aufrecht.

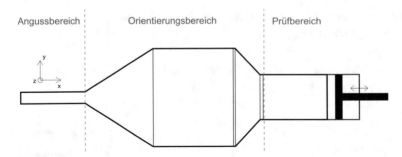

Abbildung 3.3   Schematische Darstellung mit Erweiterung des Konzepts für eine hochorientierte Prüfplatte mit Schieber: Nachdem die Schmelze eingespritzt ist, wird in der Nachdruckphase der Schieber
verfahren.

Die detaillierte geometrische Auslegung des Schiebereinsatzes soll hier nicht
diskutiert werden, da vorerst eine Übersicht gegeben wird. Ob die unterschiedlichen Schieberkonzepte einen Einfluss auf die resultierende Faserorientierung haben
steht zur Diskussion und ist nur mit Aufwand simulierbar. Zur Bestimmung der
Schieberparameter (Toleranzen, Geschwindigkeit, Verfahrzeitpunkt, Startposition
des Schiebers ...) sind umfangreiche Vorversuche erforderlich. Diese sind zeitintensiv und risikoreich, da erst nach den Vorversuchen eine Beurteilung des Konzeptes
möglich ist.

3.2.2 Verringerung des Kavitätsvolumens über Wandstärke

Um den Schmelzefluss möglichst lange aufrecht zu halten, soll ein naheliegender
Gegenvorschlag zu den in Unterabschnitt 3.2.1 genannten Konzepten vorgestellt
werden. Das Fließen der Schmelze kann auch über eine Verringerung des Kavitätsvolumens erreicht werden. Hierfür ist ein Überlauf am Fließwegende notwendig,
in den die heraus gedrückte Schmelze strömt. Die beiden Kavitätshälften werden
unabhängig voneinander verschoben oder verkippt. Es werden drei Ansätze betrachtet, in denen das Kavitätsvolumen über die Füllzeit verringert wird.

Zusammenfahrbare Kavität

Ähnlich wie in Unterabschnitt 3.2.1 beschrieben ist eine anpassbare Kavität auch
mittels verfahrbarer Werkzeughälfte möglich. Für diesen Konzeptvorschlag benötigt die Kavität ein Reservoir am Fließwegende, das zunächst verschlossen ist. Die
Kavität wird nun gefüllt. Ist sie vollständig gefüllt, wird der Kavitätsinnenraum
verkleinert. Die Grundfläche der beweglichen Kavitätshälfte fährt ein Stück auf die
Gegenplatte und verringert somit das Volumen des Innenraums. Das nun überschüssige Material der flüssigen Seele wird in das Reservoir am Fließwegende gelei-

tet und beide hochorientierten Randschichten verschmelzen zu einer Platte. Nach dem Entformen muss der Überlauf mechanisch entfernt werden. Die Auslegung für die verfahrbare Kavitätshälfte erscheint aufwändig und soll nicht thematisiert werden. Ein Ansatz könnte hier eine Zwischenplatte zwischen den beiden Werkzeughälften sein. Nach Entfernen der Zwischenplatte verfahren die Kavitätshälften um die Plattendicke zusammen. Alternativ ist es vorstellbar, in die Kontur des Werkzeugs eine Nut zu designen, in die ein umlaufender passfederähnlicher Einsatz eintauchen kann. Auf diese Art kann nach Formfüllung die Form zusammen gefahren werden. Unter wie viel Aufwand diese Ausführungen technisch umsetzbar sind, wäre zu prüfen. Auch dieser Ansatz wird zeitintensiv und risikoreich eingeschätzt.

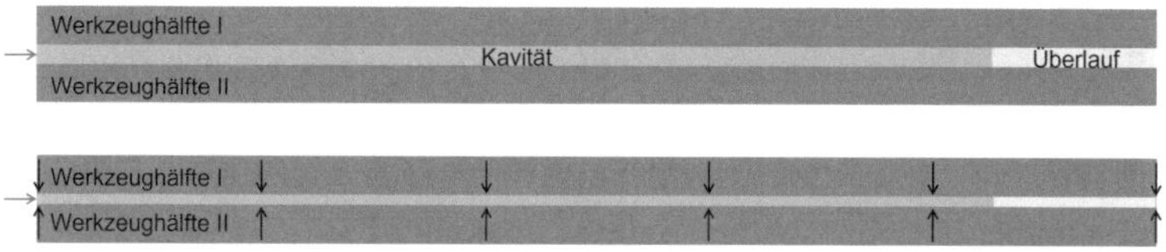

Abbildung 3.4 Schematische Darstellung der hochorientierten Prüfplatte: Nach Füllung des Kavitätsinnenraums fahren die beiden Werkzeughälften zusammen und leiten überschüssiges Materials in einen Überlauf.

Schwenkbare Kavität

Als Kombination der Konzepte mit Schieber und Überlauf aus Unterabschnitt 3.2.1 und einem veränderlichen Kavitätsvolumen mit zusammenfahrbarer Kavität aus Unterabschnitt 3.2.2 könnte das Zusammenfahren mit einem Schwenken der Werkzeughälfte kombiniert werden. Es wird der Überlauf aus dem Schieber-Konzept mit dem Zusammenfahren kombiniert. So fährt nach vollständiger Kavitätsfüllung zuerst die angussnahe Seite zusammen und leitet das noch flüssige Material in den angussfernen Bereich. Dann fährt der angussferne Bereich zusammen und leitet das Material in einen Überlauf. Ein solches Werkzeug ist konstruktiv anspruchsvoll. Ziel hierbei ist es, ausschließlich die hochorientierten Randschichten zu behalten, die Mittelschicht soll herausgedrückt werden, solange sie noch flüssig ist. Die beiden Randschichten verbinden sich und erkalten zu einer homogenen Masse. Die Fehleranfälligkeit und Robustheit des Konzeptes steht zur Prüfung aus.

Zueinander verschiebbare Kavitätshälften

Es wird vorausgesetzt, dass eine hohe Scherrate in der Schmelze die Grundlage für eine hohe Faserorientierung ist. Dies legt den Gedanken nahe, dass eine kurzzeitige

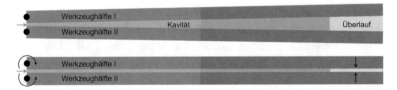

Abbildung 3.5 Schematische Darstellung der hochorientierten Prüfplatte: Nachdem die Schmelze eingespritzt ist, schwenken die Kavitätshälften zueinander und leiten überschüssiges Material in einen Überlauf.

Scherung in der noch flüssigen Seele über eine Verschiebung der beiden Kavitäts-hälften realisiert werden kann. Nach der vollständigen Füllung der Kavität werden die Werkzeughälften zueinander verschoben und erzeugen eine Scherung der noch flüssigen Schmelze. Dieser Ansatz beinhaltet die Frage nach der Reaktion der be-reits erkalteten Randbereiche auf diese Verschiebung. Ein Einreißen soll vermieden werden, da dies der Reproduzierbarkeit im Wege stehen würde. Allerdings werden die Proben aus der Plattenmitte extrahiert und eine Prüfung der Plattenränder ist nicht vorgesehen. Ob eine ausreichend hohe Scherrate durch das Verschieben der Werkzeughälften zueinander überhaupt erreicht werden, kann muss im Detail erst überprüft werden.

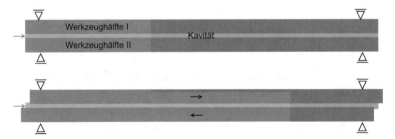

Abbildung 3.6 Schematische Darstellung der hochorientierten Prüfplatte: Während die Schmelze eingespritzt wird. In der Nachdruckphase wird der Schieber verfahren.

3.2.3 Konstantes Kavitätsvolumen mit rheologischer Optimierung

Im Gegensatz zu den oben vorgestellten Konzepten mit veränderlichem Kavitäts-volumen wird hier ein Ansatz mit konstantem Kavitätsvolumen aufgezeigt. Der Schmelzefluss wird auf Basis des Flachstabs mit konvergentem Einlauf rheologisch optimiert. Um die günstigen Eigenschaften des Flachstabs (vgl. Abschnitt 2.3) zu nutzen und zugleich einen breiteren Prüfbereich zu erzielen, wird die Geometrie des Flachstabs erweitert, sodass Probekörper unter freier Extraktionswinkelwahl entnommen werden können. Der Einlaufbereich wird zum Vororientieren der Fasern wesentlich verbreitert. Wichtig hierbei ist die Beachtung der projizierten Fläche, die letztendlich entweder eine gewisse Schließkraft der Maschine erfordert oder bei vorhandener Maschine über die vorhandene Maschinenschließkraft vorgegeben ist.

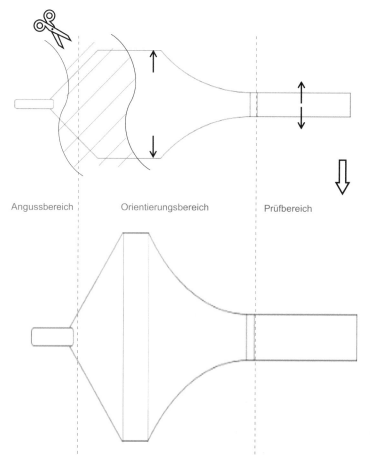

Angussbereich   Orientierungsbereich   Prüfbereich

Abbildung 3.7 Schematische Darstellung der hochorientierten Prüfplatte: Die vorhandene Geometrie des Flachstabs wird im Prüfbereich erweitert und der Orientierungsbereich entsprechend angepasst.

3.2.4 Schwingungsinduzierte Faserorientierung

Im Baugewerbe wird Beton oftmals mit Stahlfasern, seltener auch mit Kunststoff- oder Glasfasern verstärkt. Um die Fasern auszurichten, wird der Verbund entsprechenden Schwingungen ausgesetzt. Die Schwingung kann über einen Außenrüttler oder Innenrüttler eingeleitet werden. Dadurch orientieren sich die Fasern [17, 23,

40, 56] und der Beton wird verdichtet indem Luftblasen entweichen. Einige grund-
legende Unterschiede seien hier aufgeführt. Das Matrixmaterial, in diesem Fall der
Beton, besteht aus einem Gemisch von Zement, Wasser und Gesteinskörnung (Sand
und Kies). Er setzt sich also aus Festkörpern (Zement, Sand und Kies) und einer
Flüssigkeit (Wasser) zusammen. Beton ist somit inhomogen und schwerlich vergleichbar mit einer homogenen Kunststoffmatrix. Auch die Faseranteile liegen mit
1 bis 3 Gew.% [4] deutlich unter den in der Kunststofftechnik meist verwendeten
Anteilen von 20 bis 35 Gew.%. Die üblichen Längen der Stahlfasern liegen bei
12 mm bis 30 mm [34], vergleichbare Faserlängen von Kurzfasern in der Kunststofftechnik liegen bei 0.1 mm bis 1 mm.

Übertragen auf die Spritzgusstechnik müsste die Kunststoffschmelze im flüssigen Zustand hochfrequenten Schwingungen ausgesetzt werden. Auf Grund der
kurzen Abkühlzeiten müsste somit die gesamte Spritzgussmaschine mit einbezogen werden und die gesamte Spritzgussmaschine in der komplexen dynamischen
Auslegung berücksichtigt werden. Auch ist eine Herstellung mittels Guss denkbar,
sodass die flüssige faserverstärkte Kunststoffschmelze in eine Form gegossen wird,
die anschließend der Schwingung ausgesetzt wird. Inwiefern die Eigenschaften von
spritzgegossenen und gegossenen Platten sich unterscheiden gilt es vorab zu ermitteln.

3.2.5 Nutzung hochorientierter Bereiche

Bestehende Platten mit hochorientierten Bereichen sollen als Basis für eine zusammengesetzte Platte dienen. Hierfür können aus den Platten mit schmalem Prüfbereich die hochorientierten Bereiche als Streifen aneinander gefügt werden oder aus
Standardplatten die hochorientierten Schichten genutzt werden.

Nutzung hochorientierter Streifen

Aus bereits existierenden hochorientierten Platten (vgl. Abschnitt 2.3) werden die
entsprechenden Bereiche ausgeschnitten. Beim Flachstab mit konvergentem Einlauf kann der gesamte Prüfbereich als Streifen genutzt werden, beim Zugstab der
Geometrie A1 aus der DIN EN ISO 527-2 [29] muss die Schulter des Prüfstabs entfernt werden. Übrig bleibt hier der probenparallele Bereich. Die Streifen können in
einer Presse neu aneinander gefügt werden (vgl. Abbildung 3.8). Dies kann sowohl
mit Elementen der gesamten Plattendicke, als auch nur mit einer Schicht aus der
Ursprungsplatte erfolgen.

Zu beachten sind Effekte und Defekte, die durch das Trennen und neu Fügen
eingebracht werden und ob die Fügenaht einflussfrei ist. Für gefügte Platten aus
Elementen mit der gesamten Plattendicke hat AMBERG eine optische Dehnungsana-
lyse für einen Polypropylen-Werkstoff, der mit 30 Gew. % Kurzglasfasern verstärkt

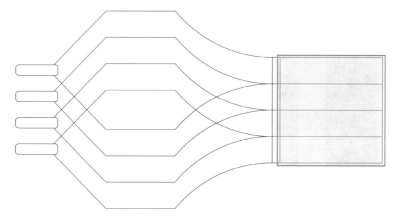

Abbildung 3.8 Schematische Darstellung der hochorientierten Prüfplatte: Nutzung der hochorientierten Bereiche des Flachstabs mit konvergentem Einlauf in dem Streifen miteinander verpresst werden.

ist, durchgeführt [3]. Hierfür wurden aus dem Flachstab mit konvergentem Einlauf die hochorientierten Bereiche herausgetrennt, in einem Tauchkantenwerkzeug aufgeschmolzen und unter Druck wieder abgekühlt. Auf diese Weise konnten hochorientierte Platten mit den Abmessungen 100 mm x 100 mm x 4 mm gefertigt werden. An den Kanten der zu Grunde liegenden Einzelplatten traten Bindenähte auf, die zu Schwachstellen im Probestab und zu inhomogener Deformation führen. Eine Deformationsanalyse (vgl. Abbildung 3.9) zeigte, dass weitgehend homogenes Verhalten bis zu einer Dehnung von 0.75 % vorliegt. Inhomogenitäten traten bei Dehnungen größer 0.75 % auf, somit ist dieser Bereich von der mechanischen Analyse auszuschließen [3]. In der vorliegenden Arbeit sollen auch Dehnungszustände größer 0.75 % betrachtet werden, daher ist dieser Ansatz nicht tauglich.

Nutzung hochorientierter Schichten

Auch ist es denkbar, den hochorientierten Bereich der spritzgegossenen Platte in der Plattenebene aufzuschneiden und ausschließlich die in Füllrichtung orientierte Randschicht oder die quer zur Füllrichtung orientierte Mittelschicht zu einer neuen Platte zu verarbeiten. Die nicht nutzbaren Schichten müssten entsprechend entfernt werden, was je nach Dicke der Platte anspruchsvoll sein kann. Eine Analyse über die Dicke der jeweils vorliegenden Schichten müsste vorgeschaltet werden. Wird nur die Mittelschicht verwendet, können die Randschichten beispielsweise herunter gefräst werden. Ein flächiger Wärmeeintrag durch die Stirnseite des Fräsers, ebenso wie das Herausziehen, Abknicken und Biegen offener Faserenden ist zu bedenken.

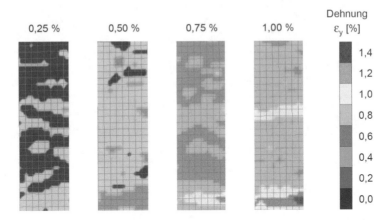

Abbildung 3.9   Optische Deformationsanalyse an 90° orientierten Proben (nach [3]).

Auch hier wird eine Fügeschicht entstehen, die jedoch in der Flächenebene des Probekörpers liegt und somit voraussichtlich in der Deformationsanalyse nicht erkennbar ist.

3.2.6 Push-Pull-Injection-Molding

Das Push-Pull-Injection-Molding ist eine Sonderform des Spritzgussverfahrens [64]. Die flüssige Schmelze wird über eine Düse in die Form eingespritzt. Anders als beim klassischen Spritzguss besteht die Möglichkeit den Schmelzefluss in der Abkühlphase zu regeln. Während die Schmelze von der Kavitätswand startend erstarrt, wird der Schmelzefluss in der Mittelschicht oszillierend aufrecht erhalten und die Schmelze in der Kavität hin und her geschoben. Die hierdurch entstehende hohe Scherrate begünstigt eine hohe Orientierung der Moleküle und Verstärkungsfasern [42, 59, 114], was einen großen Einfluss auf die resultierenden mechanischen Eigenschaften mit sich bringt [109]. Besonders geeignet ist dieses Verfahren zur Herstellung langer, dünner Teile mit hoher Steifigkeit in Längsrichtung. Das in den achtziger Jahren entwickelte Verfahren wurde wegen seiner Komplexität niemals in industriellen Anwendungen etabliert [110].

3.3 Bewertung und Auswahl

Die dargelegten Konzepte zur Entwicklung einer hochorientierten Prüfplatte werden auf Basis des standardisierten Bewertungsverfahrens nach VDI 2225 [100] in Tabelle 3.1 bewertet. Die Kennung + indiziert eine positive Bewertung hinsichtlich der Durchführbarkeit, wohingegen ein – eine ungünstige Beurteilung beschreibt.

Tabelle 3.1 Überblick über die Bewertung der Konzepte zur Konstruktion einer hochorientierten Prüfplatte.

Ansatz Konzept	hohe Scherrate	Kosten-Zeit-Effizienz	berechenbar	Fehlerresistenz	Erfahrung	Deformation Erstarrung	Umsetzbarkeit	Homogenität	Punkte
Schieber	+	−	o	−	−	+	−	+	-1
veränderliches Kavitätsvolumen	+	−	o	−	−	+	−	+	-1
Weiterentwicklung Flachstab	+	o	+	+	+	−	+	+	**5**
schwingungsinduzierte FO	o	−	o	−	−	+	−	o	-3
Zusammensetzen	o	+	+	+	+	−	+	−	3
Push-Pull-Injection-Molding	+	−	+	+	−	+	+	o	3

Das Zeichen o steht für neutrale Bewertung aus Gründen der nicht ausreichenden Informationslage. Es ist ein Punktesystem eingeführt, das eine positive Bewertung mit einem Punkt repräsentiert, eine negative Bewertung zieht einen Punkt ab, bei neutraler Bewertung ändert sich der Punktestand nicht. Alle Bewertungen beruhen auf einer Einschätzung unter Berücksichtigung der in den Unterkapiteln aufgezählten Argumente.

Das Konzept der *schwingungsinduzierten Faserorientierung* und der *Schieber* sowie das Konzept des *veränderlichen Kavitätsvolumens* besitzen die niedrigsten Punktezahlen. Sie werden daher und wegen hohen Umsetzungsaufwands nicht weiter verfolgt. Das *Push-Pull-Injection-Molding* und das *Zusammensetzen* erreichen beide die zweithöchste Punktezahl. Das *Push-Pull-Injection-Molding* wird jedoch wegen der kostenintensiven Beschaffung einer Push-Pull-Spritzgussmaschine nicht weiter verfolgt. Dass *zusammengesetzte Platten* aus mehreren hochorientierten Bereichen herstellbar und prüfbar sind, konnte bereits in [3] gezeigt werden. Allerdings wird eine Nutzung nur mit der Einschränkung kleiner Dehnungen empfohlen. Da somit die Möglichkeit der Analyse großer Dehnungen nicht gewährleistet ist, wird dieser Ansatz nicht weiter verfolgt. Der Konzeptansatz *Weiterentwicklung Flachstab* erreicht die höchste Punktzahl. Er vereint eine hohe Scherrate mit Fehlerresistenz. Es liegt Erfahrung mit der Basisgeometrie vor und verspricht eine schnelle Umsetzbarkeit. Unterschiedliche Angussausprägungen, geometrische Gestaltungen des Orientierungsbereichs und Prüfbereichsbreiten werden miteinander verglichen und auf eine hohe Faserorientierung in der Simulation geprüft.

3.4 Definition der finalen Geometrie

Nach der Festlegung auf das Konzept der Weiterentwicklung der Platte mit konvergentem Einlauf, wird die Basis-Geometrie des Flachstabs in einzelne Elemente zerlegt, wie in Abbildung 3.10 dargestellt. Die Elemente werden separat betrachtet. Diese sind der Anguss, die Staustufe, das Massepolster, die Verjüngung, der Dickensprung und der Prüfbereich. Der Anguss ist definiert als der Bereich, der die flüssige Kunststoffschmelze in die Kavität leitet. Hierzu zählt der Angusskanal und der Dreiecksverteiler. Die Staustufe dient zum Aufstauen der Schmelze im Verteiler. Auf diese Weise kann sichergestellt werden, dass die Schmelze gleichmäßig ins Massepolster eingeleitet wird. Das Massepolster dient als Speicher und sorgt für eine ebene Fließfront beim Weiterleiten der Schmelze in den Bereich der Querschnittsverjüngung. Diese Reduzierung führt zu einer Beschleunigung der Schmelze und orientiert die Fasern. Das gleiche Prinzip liegt dem Dickensprung zugrunde. Der Prüfbereich ist für die Entnahme der Proben vorgesehen. Hier wird die finale Faserorientierung erreicht. Die untersuchten Ausprägungen sind in Tabelle 3.2 quantitativ zusammengefasst. Die Anforderungen, die in Abschnitt 3.1 definiert sind, sind zum einen die hohe Faserorientierung im Prüfbereich der Platte, zum anderen aus praktischen Gründen eine Minimierung der Schattenfläche, um die benötigte Zuhaltekraft der zur Verfügung stehenden Spritzgussmaschine nicht zu übersteigen.

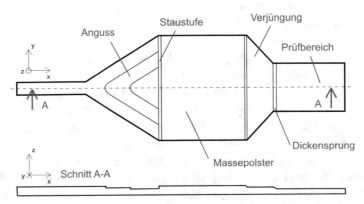

Abbildung 3.10   Geometrische Ausprägungen und deren zu optimierende Elemente der Geometrie

Zur Bewertung der vorausgesagten Faserorientierungsverteilung werden unterschiedliche Ausprägungen der geometrischen Einflussgrößen kombiniert und in der Software für Spritzgusssimulation Moldflow® analysiert. Das verwendete Material ist PBT GF 30, siehe Unterabschnitt 4.1.1. Die Simulationsparameter werden üblicherweise mit Hilfe von experimentellen Daten eingestellt. Da für die auszulegende Platte keine experimentellen Daten erzeugt werden können, werden die

Tabelle 3.2 Auflistung der geometrischen Ausprägungen für die Weiterentwicklung des Flachstabs zu einer hochorientierten Prüfplatte.

Element	Ausprägung	Ausführung	Einheit
Anguss	verzweigt	2, 4	Anspritzpunkte
	gefächert	1, 2, 3	Stufen
Massepolster	Breite	120, 140, 160	mm
Verjüngung	linear, Radius, quadratisch		
Dickensprung	Fase	45° x 1, 45° x 2	mm
Prüfbereich	Breite	40, 50, 60	mm

Simulationsparameter anhand des Flachstabs mit konvergentem Einlauf genutzt. WANG und JIN zeigten sehr gute Übereinstimmungen zwischen experimenteller und berechneter Faserorientierung mit dem RSC-Model [107]. Entsprechend wird hier das RSC-Modell zur Berechnung der Faserorientierung gewählt. Die Parameter entstammen früheren Versuchen und Experimenten. Abbildung 3.11 zeigt den Vergleich von simulierter und realer Faserorientierung im Flachstab mit konvergentem Einlauf. Die Parameter werden iterativ angepasst, bis die Simulationsergebnisse optimal zu den Versuchsergebnissen passen. Sie dienen im Folgenden als Grundlage für die Simulation der hochorientierten Platte. Es ist zu erkennen, dass hier die Simulation die real vorliegende Faserorientierung gut abbildet. Der Interaktionskoeffizient C_i und der RSC-Faktor κ werden mit unterschiedlichen Werten in Unterabschnitt 2.4.2 untersucht und auf $C_i = 0.01$ und $\kappa = 0.1$ festgelegt.

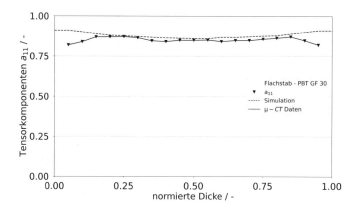

Abbildung 3.11 simulierte und experimentell bestimmte Faserorientierung des Flachstabs als Grundlage für die Simulation der finalen Geometrie

Mit einer Kantenlänge von 1 mm und 10 Elementen über der Dicke wird die Formteilgeometrie im FE-Modell vernetzt. Es empfiehlt sich, das 3D tetraeder-

basierte Volumennetz nach der automatischen Vernetzung zu kontrollieren. Ausschlaggebend hierbei sind die Kantenlängen der Elemente, die entsprechend angepasst werden können. Liegen einzelne, deutlich höhere Kantenlängen vor, sollten
diese Elemente geändert werden. Die in Abschnitt 2.4 diskutierten Prozessgrößen wurden, wie in Tabelle 2.3 aufgelistet, festgelegt. Da die Fließgeschwindigkeit
der Schmelze von der Geometrie des Körpers, genauer gesagt von seinem Querschnitt, abhängt und möglichst vergleichbare Bedingungen herrschen sollen, wird
der Schmelzeeintrag über den Volumenstrom gesteuert.

In Abbildung 3.12 sind zur Visualisierung zwei weiterentwickelte Versionen
des Flachstabs mit unterschiedlichen geometrischen Ausprägungen skizziert (links,
oben und unten), sowie die entsprechenden qualitativen Ergebnisse der Faserori-
entierungssimulation (rechts, oben und unten). In der Abbildung oben ist eine
Kombination aus verzweigtem Anguss und schmalem Massepolster gezeigt. Über
einen quadratischen Ansatz wird der Orientierungsbereich auf die Breite des Prüfbereichs verjüngt. Der Dickensprung ist mit einem flachen Neigungswinkel ausge-
führt. Der Prüfbereich ist in dieser Variante breit ausgeprägt. Unten im Bild ist
eine Kombination aus gefächertem Anguss mit einer breiten Staustufe dargestellt.
Die Verjüngung des Beschleunigungsbereichs wird über einen Radius erreicht. Im
Übergang zwischen Beschleunigungsbereich und Prüfbereich ist ein Dickensprung
mit steilem Neigungswinkel vorhanden.

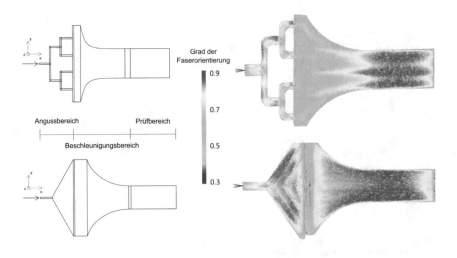

Abbildung 3.12   Simulationsergebnisse der geometrischen Einflussgrößen auf die Faserorientierung

Anguss

Es werden zwei Versionen, eine verzweigte und eine gefächerte, diskutiert.

Die verzweigte Variante besitzt Anspritzpunkte und kann zweipunktig oder vier-punktig ausfallen. Bei der zweipunktigen Variante verteilt sich der Einlass auf zwei Verteiler, bei der vierpunktigen Variante werden die beiden Verteiler jeweils auf zwei Verteiler aufgeteilt, sodass die Schmelze über vier Anspritzpunkte das Mas-sepolster erreicht. Ein vierstufiger Verteiler ist in Abbildung 3.12 oben gezeigt. Der verzweigte Anguss leitet die Schmelze punktuell in das Massepolster ein. Im Beschleunigungsbereich sind die vier punktförmigen Einlassstellen weiterhin zu er-kennen. So entstehen, wie rechts im Bild zu sehen, drei hochorientierte Strömungs-bereiche, die bis in den Prüfbereich der Platte im Faserorientierungsgrad erkennbar sind. Die gefächerte Variante kann einstufig, zweistufig oder dreistufig ausfallen. Die Stufen beziehen sich hier auf eine Verringerung der Plattendicke, dies sorgt für eine Beschleunigung der Schmelze. Vorteil der verzweigten Variante ist die wesentlich geringere Schattenfläche, jedoch zeigt die Spritzgusssimulation, dass sich durch die punktuell eingeleitete Schmelze drei hochorientierte Strömungsbereiche im Prüfbe-reich bilden, anstelle von einem Bereich über die gesamte Breite. Dies ist unbedingt zu vermeiden, denn eine homogene Faserorientierung über die Plattendicke und Plattenbreite ist eine der Hauptanforderungen. Somit bietet der gefächerte Anguss ein höheres Potential. Über eine Stauchung des Dreiecksverteilers und Reduzierung des Winkels kann die Schattenfläche deutlich gesenkt werden. Im Gegensatz dazu wird die flüssige Schmelze mit einem gefächerten Anguss über die Querschnitts-fläche verteilt eingeleitet. Hier zeigt sich eine homogene Faserorientierungsvertei-lung über die Breite des Prüfbereichs. Analog dazu kann in der Füllstudie eine ebene Fließfront für den gefächerten Anguss beobachtet werden, wohingegen der verzweigte Anguss eine inhomogene Schmelzefront erzeugt. Der gefächerte Anguss verspricht eine gleichmäßige und hohe Faserorientierung im Prüfbereich, daher wird der verzweigte Anguss nicht weiter verfolgt.

Staustufe

Es wurden die unterschiedlichen Ausprägungen der Staustufe, die in Tabelle 3.3 aufgelistet sind, untersucht und verglichen. In Abbildung 3.13 sind oben die Fort-schrittsbilder der Füllstudie dargestellt, unten die Auswertung der simulierten Fa-serorientierung in der Plattenmitte. Die Füllstudie aus der Spritzgusssimulation zeigt marginale Unterschiede zwischen den verschiedenen Ausprägungen der Stau-stufen auf. Die Füllzeit beträgt insgesamt 2.04 s. Nach ca. 1 s (Übergang von grün nach gelb) ist die Fließfront unterschiedlich ausgebildet. In Bezug auf die Auswir-kung unterschiedlicher Ausprägungen der Staustufe auf die resultierende Faserori-entierung konnte kein wesentlicher Einfluss im Prüfbereich festgestellt werden.

Tabelle 3.3   Auflistung der geometrischen Ausprägungen der Staustufe mit unterschiedlichen Ausführungen.

Element	Ausprägung	Ausführung	Einheit
Staustufe	einstufig	1, 1.25	mm
	zweistufig	1.25 - 1	mm
	dreistufig	1.5 - 1.25 - 1	mm

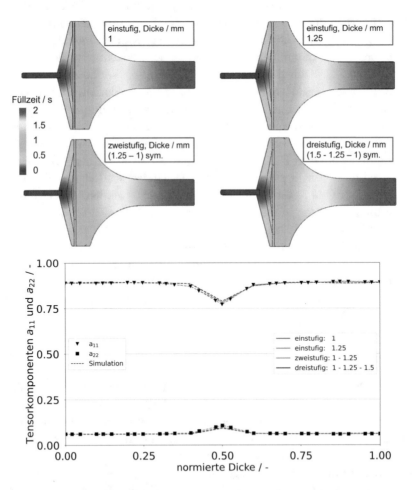

Abbildung 3.13   Ausprägungen der Staustufen auf den Prüfbereich der hochorientierten Prüfplatte. Analyse der Füllstudie (oben) und der resultierenden Faserorientierungsverteilung (unten) in der Mitte der Prüfplatte.

Massepolster

Das Massepolster wird mit verschiedenen Längen und Breiten simuliert. Die ursprünglich quadratische Form beansprucht eine große Fläche, daher wird der Bereich deutlich gestaucht und verbreitert. Es werden Breiten von 120 mm, 140 mm und 160 mm betrachtet. Die Länge wird massiv reduziert, sodass sie 15 mm beträgt. Das Massepolster ist 2 mm dicker als der Verjüngungsbereich. Somit erfährt die Schmelze durch die Querschnittsreduzierung eine zusätzliche Beschleunigung im Übergang zwischen diesen beiden Bereichen. Aus den Simulationen, dargestellt in Abbildung 3.14, lässt sich schließen, dass mit zunehmender Plattenbreite eine homogenere Faserorientierung entsteht. Die Maße des Massepolsters werden somit auf 160 mm Breite, 15 mm Länge und 4.5 mm Dicke festgelegt.

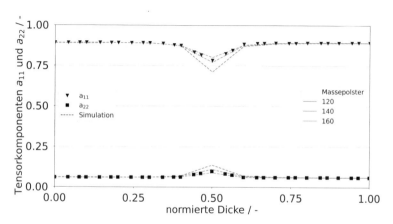

Abbildung 3.14 Einfluss des Massepolsters auf die simulierte Faserorientierung.

Verjüngung

Die Ausgangsgeometrie besitzt eine lineare Verjüngung. Nach der Verbreiterung des Massepolsters wird die Verjüngung rheologisch optimiert und über eine gekrümmte Zusammenführung betrachtet. Es werden Ansätze mit Radius und einer quadratischen Funktion ausgewertet. Diese sind in Abbildung 3.15 dargestellt. Die Spritzgusssimulation zeigt marginale Unterschiede in der Faserorientierung, daher wird der geometrisch einfachere Ansatz des Radius gewählt.

Dickensprung

Über eine Fase wird der Verjüngungsbereich auf die finale Dicke des Prüfbereichs verringert. Die Länge und Breite der Fase wurden angepasst, die resultierenden

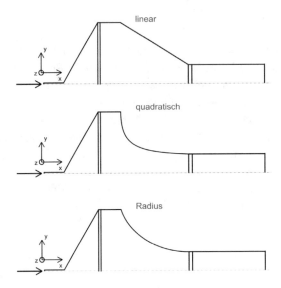

Abbildung 3.15   Darstellung der linearen, quadratischen und radialen Verjüngungen

Unterschiede in der Faserorientierung bei einer Fase von 45° x 1 mm und 45° x 2 mm sind laut Spritzgusssimulation kleiner als 1.5 % und somit sehr gering. Aufgrund des sanfteren Übergangs werden die Maße von 45° x 2 mm verwendet.

Prüfbereich

Die Fläche des Prüfbereichs soll maximiert werden. Die Breite ergibt sich aus der Ausführung des Massepolsters und des Verjüngungsbereichs. Letztendlich wird über die maximale Zuhaltekraft der vorhandenen Spritzgussmaschine die Schattenfläche der Platte begrenzt. Somit resultiert die Breite des Prüfbereichs aus den geometrischen Ausprägungen unter Einbehaltung der vorgegebenen Schattenfläche. Die Breite wird auf 40 mm festgesetzt.

3.5 Validierung der hochorientierten Prüfplatte

Die finale Geometrie wird in einer Spritzgussform umgesetzt. Zur Validierung werden mikrocomputertomographische Aufnahmen analysiert. Das Spritzgusswerkzeug der Weiterentwicklung des Flachstabs besitzt seine Trennebene auf der Plattenunterseite. Der Anguss liegt mittig in der Trennebene. Aus den geometrischen Einflussgrößen wurden die Parameter ausgewählt, die die höchste Faserorientierung vorhersagen. In Abbildung 3.16 ist eine Skizze der hochorientierten Platte gezeigt. Der gefächerte Anguss verbindet die Einspritzeinheit der Spritzgießmaschine mit der Kavität und sorgt für eine über den Querschnitt gleichmäßig verteilte Materialeinleitung. Im Einlaufbereich wird dies über ein voluminöses Massepolster unterstützt. Auf diese Weise wird eine homogene Injektion der flüssigen Kunststoffschmelze in den Orientierungsbereich begünstigt. Über eine ebene Fließfront ist eine Vororientierung der Verstärkungsfasern gewährleistet. Der Verjüngungsbereich, sowie eine Änderung des Querschnitts durch Verringerung der Dicke beschleunigen die Schmelze, was sich positiv auf die Vororientierung der Fasern auswirkt. Der Prüfbereich weist die finale Faserorientierung auf. Er bietet Platz für eine Probenentnahme unter beliebigen Winkeln und misst 40 mm x 80 mm x 2 mm.

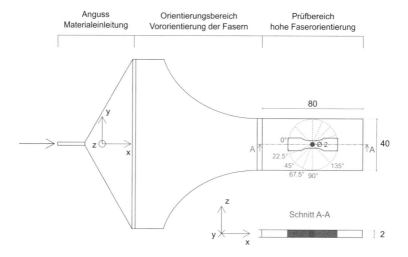

Abbildung 3.16 Prinzipskizze der hochorientierten Platte, eingeteilt in den Anguss-, Orientierungs- und Prüfbereich nach van Roo [99]. Alle Maße in mm.

Es werden hochorientierte Platten aus PBT GF 30 und PA GF 30 hergestellt (vgl. Unterabschnitt 4.1.1). Um die finale Geometrie bewerten zu können werden aus den hochorientierten Platten μ-CT-Proben heraus gefräst und durchleuchtet. Die Proben besitzen eine Höhe von 2 mm und einen Durchmesser von 2 mm, dies ist in Abbildung 3.16 in blau eingezeichnet.

Für die röntgenographischen Aufnahmen wird das Gerät SkyScan 1072-100 genutzt. Die eingestellte Beschleunigungsspannung liegt bei 100 kV und es fließt ein Strom von 98 μA. Dabei werden die Scans mit einer Voxel-Auflösung von 1.72 μm durchgeführt.

Als Maß der Faserorientierungsverteilung werden die Diagonalelemente des Tensors Zweiter Stufe über die Faserorientierungsanalyse ermittelt. Abbildung 3.17 stellt die Tensorkomponenten a_{11} und a_{22} über der normierte Plattendicke dar. Zwischen den 20 Messpunkten aus der μ-CT Analyse wird der besseren Lesbarkeit wegen eine lineare Interpolation durchgeführt. Die Tensorkomponente a_{11} entspricht der Füllrichtung und der x-Achse des Plattenkoordinatensystems aus Abbildung 3.16. Die Komponente a_{22} liegt orthogonal dazu in Richtung der y-Achse. Die Komponente a_{33} (nicht dargestellt) beschreibt die Dickenrichtung, demnach die z-Achse. Der Übersicht wegen ist diese Komponente ausgeblendet, die Summe aller Diagonalelemente ergibt Eins und kann somit aus den angegebenen Werten errechnet werden. Die µ-CT-Daten werden üblicherweise in der Plattenmitte aufgenommen.

In Abbildung 3.17 sind die Simulations- und µ-CT-Faserorientierungsdaten für PBT GF 30 und PA GF 30 dargestellt. Dem Anhang sind die Messprotokolle zu entnehmen (siehe Abschnitt A.1 und Abschnitt A.2). Für eine Standardplatte mit dreischichtiger Faserstruktur (multidirektionale Faserorientierung MD) sind die Mess- und Simulationsdaten in grün gezeigt. Für die hochorientierte Platte sind die Ergebnisse für PBT GF 30 in rosa und für PA GF 30 in grau dargestellt. Die Standardplatte zeigt eine ausgeprägte dreischichtige Struktur, während die hochorientierten Platten eine homogene und hohe Faserorientierung über die Dicke der Platte besitzen. Der Faserorientierungsgrad liegt über die Dicke zwischen 81.1 % und 89.1 %. Außerdem ist für die hochorientierte Platte zu erkennen, dass die Simulation die wahre Faserorientierung unterschätzt: Sowohl für PBT GF 30, als auch für PA GF 30 liegen die gemessenen Faserorientierungswerte in der Plattenmitte höher als die Simulationsdaten prognostizieren.

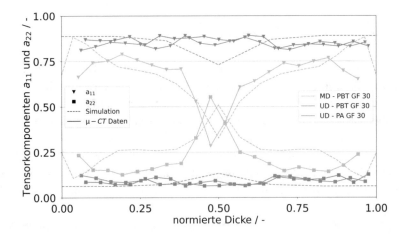

Abbildung 3.17 Vergleich der Simulations- und µ-CT-Faserorientierungsdaten für PBT GF 30 und PA GF 30 der Standardplatte mit Schichtstruktur und der hochorientierten Platte mit homogener Struktur über die Dicke der Platte.

Um eine hohe Faserorientierung nicht nur in der Plattenmitte, sondern auch an den relevanten Stellen der Probenextraktion zu gewährleisten, werden an weiteren vier Positionen neben der Plattenmitte Proben für die μ-CT Analyse entnommen. Dies ist in Abbildung 3.18 mittig skizziert. Es wurde eine Platte aus PBT GF 30 und eine aus PA GF 30 untersucht. Die Positionen P1 und P2 liegen auf halber Fließweglänge außermittig, P3 liegt angussnah auf der Mittellinie und P4 liegt angussfern auf der Mittellinie. Die Proben P1 und P2 zeigen sehr ähnliche Faserorientierungen, wie die Probe aus dem Plattenmittelpunkt. Sie besitzen eine homogene Faserorientierung über ihre Dicke. Die Proben P3 und P4 zeigen im Detail ein anderes Verhalten, besonders in der Mitte der Plattendicke. Hier liegen leicht niedrigere Orientierungsausprägungen vor, in den Randbereichen ist die Faserorientierung ähnlich hoch wie bei P1 und P2.

Insgesamt kann festgestellt werden, dass keine ausgeprägte Mittelschicht an allen untersuchten Positionen vorliegt. Diese Ergebnisse verdeutlichen eine homogene Faserorientierungsverteilung im Prüfbereich der spritzgegossenen Platte, die somit ihre Anforderungen aus Abschnitt 3.1 erfüllt.

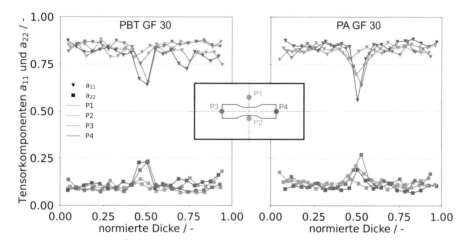

Abbildung 3.18 Vergleich der mit μ-CT aufgenommenen Faserorientierungen für PBT GF 30 und PA GF 30 an vier repräsentativen Positionen der hochorientierten Platte.

4 Experimentelle Untersuchungen

Die durchgeführten Versuche werden im Folgenden vorgestellt und diskutiert. Beginnend mit dem Herstellungsprozess werden die spritzgegossenen Proben mittels Fräsen aus hochorientierten Platten entnommen, dies in in Abschnitt 4.1 dargelegt. Die Auswirkungen dieses spanenden Verfahrens auf den maschinenseitigen Prozess wird in Abschnitt 4.2 analysiert. Dies bezieht eine Temperaturanalyse an der Fräskante der Prüfkörper sowie die Ermittlung geeigneter Fräsparameter mit ein. Der gefräste Rand wird unter dem Lichtmikroskop genauer betrachtet, was in Abschnitt 4.3 erläutert ist. Anschließend wird die Breite der Zugstäbe variiert und das Verhältnis von bearbeiteter zu unbearbeiteter Oberfläche gezielt verändert. Die Ergebnisse sind in Abschnitt 4.4 diskutiert. Kern des Kapitels bilden Abschnitt 4.5 und Abschnitt 4.6. Zuerst wird die Oberflächenrauigkeit von 300 Proben ausgewertet, die danach im Zugversuch geprüft und analysiert werden. Schlussendlich werden in Abschnitt 4.7 die Rauigkeiten den mechanischen Kennwerten gegenübergestellt. Somit soll der Einfluss der Oberflächenrauigkeit auf die mechanischen Eigenschaften näher beleuchtet werden und die zweite Forschungsfrage *Wie wirken sich Oberflächeneffekte am Probenrand auf die mechanischen Eigenschaften aus?* wird thematisiert.

Die DIN EN ISO 2818 - 2019 sowie die ASTM Standard D638 - 2014 heben hervor, dass Resultate aus Prüfungen und Tests nicht ohne den Einfluss der Geometrie und der Testmethode selbst generiert werden können [22, 27]. Bezüglich der Oberflächengüte geben beide Normen vor, die Oberfläche des Probekörpers soll frei von „sichtbaren Fehlern, Kratzern oder sonstigen Mängeln sein". In weiteren Normen wird empfohlen, dass die „interessierten Parteien die genauen Bedingungen für die Herstellung der Probekörper sowie deren Position und Ausrichtung innerhalb der Proben vereinbaren und die Einzelheiten im Prüfbericht beschrieben werden"[29]. Dies birgt die Herausforderung, dass der Nutzer schon vor Prüfung Expertenwissen haben muss. Obendrein wird die Entscheidung der Methode Effekte auf die spätere Messung haben. Ein Laie kann also unwissentlich die Ergebnisse der Prüfung allein durch die unpassende Wahl der Probekörpervorbereitung beeinflussen. Dies ist zwingend durch angemessene Regularien zu unterbinden.

Es lässt sich bereits aus der Existenz dieser Normen folgern, dass die geprüften Materialeigenschaften von Herstellungsart, Oberflächengüte und Extraktion ab-

hängen. Dass vornehmlich empirische Erfahrungswerte zu Grunde liegen, lässt den
Schluss zu, dass die wissenschaftliche Grundlage noch nicht ausreichend erarbei-
tet ist. Diese zu erarbeiten ist daher notwendig und Gegenstand der vorliegenden
Arbeit.

4.1 Probenherstellung

Um Proben aus hochorientierten Platten heraus fräsen zu können, müssen diese Platten zunächst über Spritzguss hergestellt werden. Die Parameter zur Herstellung der Platten über das Spritzgussverfahren werden in Unterabschnitt 4.1.2
vorgestellt. Anschließend wird in Unterabschnitt 4.1.3 auf die in dieser Arbeit genutzten Probengeometrien eingegangen und ein Vergleich zwischen ihnen gezogen.
Aufgrund der starken Abhängigkeit der mechanischen Eigenschaften von der Faserorientierung ist die Untersuchung unter unterschiedlichen Faserorientierungszuständen besonders wichtig. Daher werden für die mechanische Prüfung Proben
unter verschiedenen Extraktionswinkeln aus der hochorientierten Platte entnommen. Auf die Extraktionswinkel und die damit vorliegende Faserorientierung in den
Probekörpern wird in Unterabschnitt 4.1.4 eingegangen.

4.1.1 Material der Prüfkörper

In der vorliegenden Arbeit werden zwei Materialien betrachtet: Polybutylenterephthalat (PBT) und Polyamid 6.6 (PA), beide vom Hersteller BASF. Diese Materialien werden dort mit Kurzglasfaserverstärkung unter den Namen Ultradur®B4300
G6 und Ultramid®A3WG6 vertrieben. Dabei enthalten beide Materialien 30 Gewichtsprozent (gew.-%) Glasfasern, was namentlich mit „G6" gekennzeichnet ist.
Der restliche Teil der Namen ist auf Modifikationen der Polymermatrix durch Additive zurückzuführen.

Hinweis. In der vorliegenden Arbeit werden die Proben der verwendeten Materialien der
Einfachheit wegen nach ihren Matrixmaterialien benannt. Ultradur®B4300 G6 wird
nachfolgend mit PBT GF 30 abgekürzt, für Ultramid®A3WG6 wird PA GF 30
geschrieben. Die Datenblätter sind [7] und [8] zu entnehmen.

4.1.2 Spritzgießen hochorientierter Platten

Die in Kapitel 3 vorgestellte Geometrie zur Herstellung von hochorientierten Platten findet in diesem Kapitel ihre Anwendung. In Abbildung 4.1 a) ist die Kavität
des Spritzgusswerkzeugs dargestellt, in b) ist ein Foto der hochorientierten Platte
zu sehen, im roten Kasten ist der Prüfbereich hervorgehoben. In einem späteren
Schritt werden aus dem Prüfbereich die Zugproben unter definierten Extraktionswinkeln entnommen.

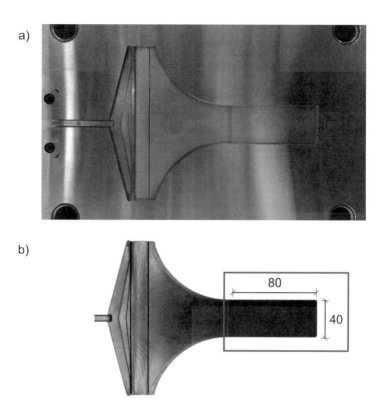

Abbildung 4.1   Kavität des Spritzgusswerkzeugs für hochorientierte Platten (a) und eine solche Platte mit dem in rot markierten Prüfbereich (b).

Alle Platten sind auf einer Spritzgussmaschine des Typs Multi 80-310 h/200 v des Herstellers Demag gefertigt. Das Kunststoffgranulat wird in einem Trockner des Typs Digicolor bei 100 °C für 5 Stunden getrocknet und mit einer Restfeuchte von 0.0067 % weiterverarbeitet.

Die Verarbeitungsparameter richten sich nach den Vorgaben des Materialherstellers, die im Datenblatt des Materials [7] veröffentlicht sind. Die Herstellung der Platten läuft über die Steuerung des Volumenstroms und vollautomatisch. Das Werkzeug besitzt eine Kavität. In Tabelle 4.1 sind die eingestellten Prozessgrößen aufgelistet. Die Schmelztemperatur beträgt 260 °C. Das Material wird mit einer Einspritzzeit von 1.3 s und einer Einspritzgeschwindigkeit von 45 ccm/s injiziert. Die Werkzeugoberflächentemperatur beträgt 80 ± 1.5 °C. In der Nachdruckphase wird über 25 s eine Nachdruckzeit von 300 bar Nachdruck aufrecht erhalten. Anschließend verweilt das Formteil für weitere 25 s in der Form zum Kühlen. In Abbildung 4.2 sind Fotos der Füllstudie abgebildet. Der Einfluss des Staubalkens wird in den Bildern 1-4 ersichtlich. Bild 5 zeigt, dass die Schmelze mit einer ebenen

Tabelle 4.1   Auflistung der eingestellten Prozessgrößen für den Spritzguss.

Prozessgröße	Wert		Einheit
Einspritzzeit	1.3		s
Einspritzgeschwindigkeit	45		ccm/s
Schmelzetemperatur	260		°C
Werkzeugtemperatur	80	±1.5	°C
Kühlzeit	25		s
Umschaltpunkt	99.5		%
Nachdruckzeit	25		s
Nachdruck	300		bar

Fließfront den Prüfbereich der Platte erreicht und füllt (Bild 6-8). Bild 9 demonstriert, dass in der Nachdruckphase die Kanten am Fließwegende schärfer werden.

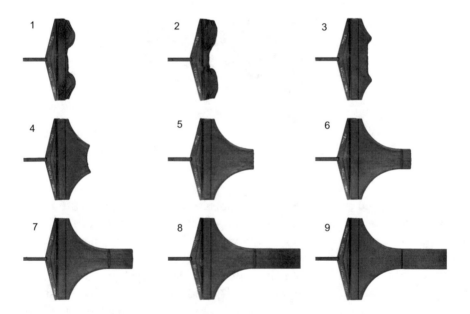

Abbildung 4.2   Füllstudie der hochorientierten Prüfplatte

Bei allen Platten wird der Anguss- und Orientierungsbreich abgetrennt. Je 10 Prüfplatten mit den Abmaßen 80 mm x 40 mm werden in Papier eingewickelt und in Aluminiumbeutel unter Vakuum eingeschweißt. Das Papier rundet scharfkantige Ecken der geschnittenen Kante der spritzgegossenen Platten ab, sodass der Vakuumbeutel keinen Schaden nimmt. Unter Luftausschluss werden die Platten bis zur Weiterverarbeitung bei konstanten Umgebungsbedingungen aufbewahrt.

4.1.3 Probekörpergeometrie

Oftmals wird für kurzglasfaserverstärkte thermoplastische Materialien eine Probe-körpergeometrie aus der Norm DIN EN ISO 527 genutzt. Hier bieten sich beson-ders die kleineren Geometrien 1BB und 5B an [29], ebenso wie die häufig genutzte Geometrie des Becker-Zugstabs [92] (kurz BZ12: Becker-Zugstab mit einem Aus-wertebereich von 12 mm x 12 mm [10]. Der BZ12 hat eine Gesamtlänge von 80 mm und ist in Abbildung 4.3 links dargestellt. Der Auswertebereich ist in grau ge-kennzeichnet. Vorteilhaft der BZ12 Geometrie gegenüber den Geometrien aus der Norm ist ein größerer Auswertebereich, der das stochastische Punktemuster für die optische Dehnungsauswertung ermöglicht. Unter Zugbelastung liegt ein uniaxia-ler Spannungszustand vor (vgl. [10]). Die in Kapitel 3 entwickelte hochorientierte Prüfplatte besitzt eine Länge von 80 mm und eine Breite von 40 mm. Für Proben unter einem Extraktionswinkel von 90° reduziert sich somit die verfügbare Proben-länge auf die gegebene Plattenbreite von 40 mm. Um eine Querentnahme aus der hochorientierten Platte zu ermöglichen, wird die in [99] vorgeschlagene Skalierung des BZ12 vorgenommen. Dies ergibt dann eine Gesamtlänge des Zugprobekörpers von 40 mm und einen Auswertebereich von 6 mm x 6 mm (vgl. Abbildung 4.3 rechts). Der skalierte Probekörper wird mit der Bezeichnung BZ6 gekennzeichnet. Die Dehnungen werden über den gesamten Auswertebereich gemittelt, also in ei-nem Bereich von 12 mm x 12 mm respektive 6 mm x 6 mm. Die freie Einspannlänge beträgt für den BZ12 40 mm und für den BZ6 20 mm.

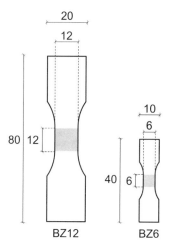

Abbildung 4.3 Skizze der Zugprobekörper BZ12 und BZ6. Alle Maße in mm.

Mechanische Kennwerte sind im Allgemeinen abhängig von der geprüften Geo-metrie [20, 98, 113, 115]. Welchen Einfluss die Skalierung des BZ12 mit sich bringt wird im Folgenden diskutiert. Die beiden vorgestellten Probekörpergeometrien BZ12 und BZ6 werden mit einer Dehnrate von 0.02 beaufschlagt und hinsichtlich ihres mechanischen Verhaltens analysiert. Es werden der E-Modul, die maximale Spannung und die Bruchdehnung verglichen. Aus der Dehnrate von 0.2 ergibt sich für die Prüfung des BZ12 eine Traversengeschwindigkeit von 0.8 mm/min, für den BZ6 ergibt sich eine Traversengeschwindigkeit von 0.4 mm/min. Es wird der Mittelwert aus je 5 Messungen dargestellt.

In Abbildung 4.4 sind die wahre Spannung (links), sowie die Hencky-Dehnung (rechts) über der Versuchslaufzeit aufgetragen. Tabelle 4.2 gibt einen Überblick über die mechanischen Kennwerte.

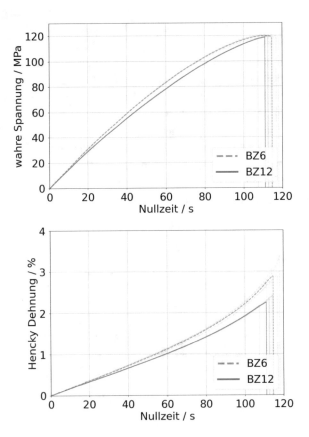

Abbildung 4.4 Vergleich der BZ12 und BZ6 Geometrie bei konstanter Dehnrate von 0.02 im Zugversuch. Wahre Spannung über der Nullzeit (links) und Hencky-Dehnung über der Nullzeit (rechts).

Die Skalierung, konkreter die Verkleinerung, der Geometrie zieht eine leicht steifere Materialantwort mit sich. Dies ist in der Zunahme des E-Moduls um 2 % ersichtlich. Es ist zu erkennen, dass der gesamte Spannungsverlauf für die skalierten

Tabelle 4.2 Vergleich der mechanischen Kennwerte der BZ12 und BZ6 Geometrie.

mechanischer Kennwert	BZ12	BZ6	Einheit	prozentuale Abweichung
E-Modul	8.7	8.8	GPa	2 %
max. Spannung	118.9	119.6	MPa	0.6 %
Bruchdehnung	2.31	2.98	%	22.4 %

Proben etwas steifer ist. Die maximalen Spannungswerte unterscheiden sich um 0.6 %. Die Hencky-Dehnung des BZ6 nimmt schneller zu als die des BZ12. Beim Versagen liegt sie um 22.4 % höher als die des BZ12. Gründe hierfür können in den unterschiedlichen Verhältnissen zwischen Fasergeometrie und Probengeometrie liegen, was Änderungen im mikromechanischen Verhalten mit sich bringt. Auch ist die Geometrie nur in der Ebene skaliert. In der Dickenrichtung wurde keine Skalierung vorgenommen. BZ12 und BZ6 sind 2 mm dick, somit verändert sich das Breite zu Dicke Verhältnis.

Resultierend wird auf einen quantitativen Vergleich zwischen BZ12 und BZ6 verzichtet. Jegliche Vergleiche beziehen sich immer auf entweder BZ12 Geometrien oder BZ6 Geometrien. In dieser Arbeit liegt die Geometrie des BZ12 der Untersuchung des Einflusses der Plattenbreite zugrunde (vgl. Abschnitt 4.4). Die Betrachtung der Einflüsse von Extraktionswinkel, Fräsparametern und Temperatur werden mit der BZ6 Geometrie durchgeführt (vgl. Abschnitt 4.6).

4.1.4 Extraktionswinkel der Prüfkörper

Um das Deformationsverhalten zu Untersuchen werden Probekörper in unterschiedlichen Winkeln in Bezug auf die Faserhauptrichtung aus der hochorientierten Platte extrahiert. Die Faserhauptrichtung liegt in Fließrichtung der Schmelze nach Abbildung 3.16. In Abbildung 4.5 sind die verwendeten Extraktionswinkel skizziert.

Der besseren Lesbarkeit wegen wird im Folgenden der Extraktionswinkel der Hauptfaserorientierung gleich gesetzt. Wird also von Proben mit einer Faserorientierung von 0° gesprochen ist davon auszugehen, dass nach Abschnitt 3.5 mindestens 80 % der Fasern in diese Richtung orientiert sind.

Für die Untersuchung der mechanischen Kennwerte abhängig von der Faserorientierung aus Unterabschnitt 4.6.1 werden BZ6 Probekörper aus der hochorientierten Platte unter 0°, 22.5°, 45°, 67.5°, 90° und 135° entnommen.

Die Ergebnisse der mechanischen Kennwerte aus Unterabschnitt 4.6.2 und Unterabschnitt 4.6.3 entstammen Proben, die unter 0°, 45° und 90° zur Faserhauptrichtung entnommen wurden.

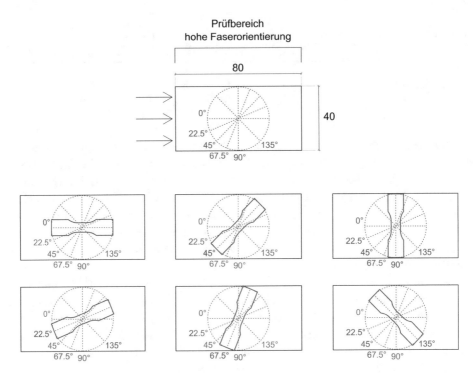

Abbildung 4.5   Skizze der hochorientierten Platte mit eingezeichneter Position der Probenentnahme.

4.2 Analyse des Fräsprozesses

Für die mechanische Prüfung werden in der Regel Proben aus Prüfplatten oder Realbauteilen extrahiert, häufig über Fräsen (vgl. Abschnitt 2.5). Der Präparationsprozess für die in dieser Arbeit verwendeten Proben wird bei konstanten Umgebungsbedingungen durchgeführt, die denen während der mechanischen Prüfung entsprechen. Die Raumtemperatur liegt bei 23 $\pm$ 2 °C, die Luftfeuchtigkeit beträgt 50 $\pm$ 10 %. Gefräst wurden alle Zugstäbe an einer Probenfräse des Herstellers ISEL des Typs GFM 4433 mit einem vierzähnigen Vollhartmetall-Schaftfräser mit einer diamantähnlichen Kohlenstoffbeschichtung (diamond-like-carbon, kurz DLC). Er besitzt einen Durchmesser von 6 mm. Die Proben der Mikrocomputertomografie werden an der identischen Maschine mit einem DLC-beschichteten einzähnigen Vollhartmetall Schaftfräser mit einem Durchmesser von 2 mm gefräst. Beim Fräsen ist kein Kühlmedium im Einsatz und der Span am gefrästen Rand der Probe wird manuell entfernt. Alle Proben werden mittels Umfangsfräsen und im Gegenlaufverfahren hergestellt. Der entstandene Span wird nicht untersucht. Für weiterführenden Arbeiten ist dies ein umfassendes Thema [115]. In Unterabschnitt 4.2.3

werden geeignete Fräsparameter wie die Vorschubgeschwindigkeit und die Drehzahl in einer separaten Studie ermittelt und vorgestellt.

4.2.1 Fräserrundlauf

Der Fräsprozess wird hinsichtlich des Rundlaufs des eingespannten Fräsers genauer untersucht. Hierfür wird mit einer Messuhr die Exzentrizität des Fräsers gemessen. In Abbildung 4.6 ist links der Versuchsaufbau dargestellt und rechts eine Detailaufnahme des Fräserschafts und der Messnadel. Die Messuhr wird mit einer Zeitlupenaufnahme gefilmt und der Zeigerausschlag ausgewertet. Anhand der Anzahl der Umdrehungen und der Auslenkungen des Zeigers kann ermittelt werden, dass je Umdrehung ein Ausschlag statt findet. Ergebnis dieser Untersuchung ist eine Auslenkung der Messnadel um 1 µm, es ergibt sich somit eine Exzentrizität von 0.5 µm. In den Höhenprofilen ist dieser Ausschlag jedoch nicht auffindbar.

Abbildung 4.6 Versuchsaufbau zur Ermittlung des Fräserrundlaufs (links), Detailansicht der Messnadel am Fräserschaft (rechts).

4.2.2 Temperaturanalyse im Fräsprozess

Zur Fragestellung der Wärmeentwicklung im Fräsprozess für die Probenherstellung, definiert die DIN EN ISO 527 folgendes: Die "Arbeitsbedingungen, die eine starke Wärmeentwicklung im Probekörper hervorrufen, sind zu vermeiden". Eine exakte Definition ab wann eine starke Wärmeentwicklung vorliegt bleibt aus, ebenso wie ein materialabhängiger zu vermeidender Temperaturbereich. Dass ein Hauptfaktor für die Oberflächenqualität die Temperatur beim Trennen ist, kann unter anderem in [106] und [105] nachgelesen werden.

In einer Serie wurde partiell die Temperatur an der Fräskante und am Fräserschaft beobachtet. Es wird die Thermokamera FLR Thermal CAM E 45 genutzt.
Während des Fräsprozesses werden Bilder der Zone um den arbeitenden Fräser aufgenommen. Herausforderungen waren hierbei, dass der Fräsprozess in einer Umhausung stattfindet. So müssen die Bilder durch das Glas der Umhausung aufgenommen werden. Es ist darauf zu achten, dass keine Reflexionen im Bild sichtbar
sind. Zusätzlich kann die Kamera nicht nah an das Objekt heran. Dieser Abstand
zieht nach sich, dass die betrachtete Stelle entsprechend klein oder im Zoom-Modus
unscharf auf dem Bild erscheint. Dessen ungeachtet wird die maximal aufgezeichnete Temperatur betrachtet, das eigentliche Bild spielt eine untergeordnete Rolle.
Es wird angenommen, dass die maximale aufgezeichnete Temperatur diejenige ist,
die den größten Einfluss haben wird.

Es werden je Fräsparametersatz mehrere Bilder aufgenommen. Da das Ziel dieser Untersuchung ist, Informationen über die maximal herrschende Temperatur zu
erhalten, werden alle Bilder ausgewertet und nun stellvertretend das Bild mit der
höchsten verzeichneten Temperatur näher beleuchtet. In Abbildung 4.7 ist mittig
der Fräser zu sehen. Umrandetet, im Zentrum des Bildes liegt der kritische Bereich: die Kontaktstelle des Fräsers mit der Platte. Dort herrschen die höchsten
Temperaturen. Die maximale aufgezeichnete Temperatur liegt bei 110.9 °C. Die in
diesem Bild an der Frässtelle erfasste Temperatur liegt bei ca. 100 °C. Dies ist laut
Datenblatt des Herstellers BASF deutlich unterhalb der kritischen Schmelztemperatur von 223 °C nach ISO 11357-1/-3. Somit kann ein Aufschmelzen des Rands
ausgeschlossen werden. Dass die Wärmezufuhr über die mechanische Bearbeitung
dennoch einen Einfluss auf die Materialstruktur hat, steht weiterhin zur Diskussion. Besonders die Kristallisationsrate ist temperaturabhängig, daher sollte sie in
weiterführenden Studien betrachtet werden.

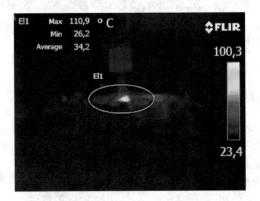

Abbildung 4.7   Infrarot Temperaturanalyse im Fräsprozess.

4.2.3 Ermittlung geeigneter Fräsparameter

Für die anstehenden Versuche werden unterschiedliche Rauigkeitslevel benötigt. Es werden hierfür die für den Fräsprozess benötigten Einstellungen variiert und der Einfluss der einzelnen Parameter genauer untersucht. Zusätzlich zu den Standardeinstellungen wird ein Parametersatz ausgewählt, der eine signifikant höhere Rauigkeit aufzeigt. Variiert werden sowohl die Drehzahl des Fräsers, als auch die Vorschubgeschwindigkeit (im Folgenden Vorschub genannt). Grundlagen zum Fräsverfahren können in Abschnitt 2.5 nachgelesen werden.

In Tabelle 4.3 sind die betrachteten Fräsparametersätze dargestellt. Der Fräsparametersatz mit der Kennung S besitzt die üblicherweise genutzten Standard-Fräseinstellungen für kurzglasfaserverstärkte Thermoplaste. Daraus werden zwei Reihen an Wertepaaren für eine erhöhte Rauigkeit entwickelt. Ein Parametersatz mit reduzierter Drehzahl und erhöhtem Vorschub im Vergleich zum Standard-Parametersatz und einer mit erhöhter Drehzahl und reduziertem Vorschub. Für die Wahl der Drehzahl und des Vorschubs wird das Spektrum der Fräsmaschine ausgenutzt.

Tabelle 4.3 Auflistung der variierten Fräsparameter zur Ermittlung geeigneter Kombinationen für zwei unterschiedliche Rauigkeitslevel.

Fräsparametersatz	Drehzahl	Vorschub	R_a	R_t
	1/min	mm/min	µm	µm
	Drehzahl ↘	Vorschub ↗		
A	4000	750	2.19	15.93
B	3500	750	1.31	14.03
C	3000	750	1.51	17.22
D	3500	1250	–	–
E	4000	1250	2.06	29.07
F	**4500**	**1250**	**3.91**	**24.6**
	Drehzahl ↗	Vorschub ↘		
G	10000	400	2.98	24.52
H	10000	300	1.64	20.26
I	10000	200	2.16	30.65
J	11000	400	1.43	16.22
K	11000	300	1.81	29.91
L	11000	200	2.16	22.74
S	**6500**	**500**	**0.85**	**3.81**

Aus den hochorientierten Platten werden Streifen gefräst, auf diese Weise können mehrere Fräsungen pro Platte analysiert werden. Die Kontur eines Prüfstabs ist an dieser Stelle nicht erforderlich. Die Streifen besitzen eine Breite von 20 mm und ihre Länge entspricht mit 80 mm der Plattenlänge. Die vermessene Strecke beträgt 60 mm.

Mit einem Profilometer wird das Höhenprofil der gefrästen Flächen aufgenommen und daraus der arithmetische Mittenrauwert R_a und die maximale Rautiefe R_t berechnet. Die Höhenprofile sind in Abbildung 4.8 dargestellt. Es ist ein Ausschnitt der Messstrecke von 10 mm Länge gezeigt. Der Mittenrauwert und die Rautiefe wurden über die gesamte Messstrecke von 60 mm ermittelt. Die letzten beiden Spalten der Tabelle 4.3 geben Aufschluss über die ermittelten Mittenrauwerte und Rautiefen.

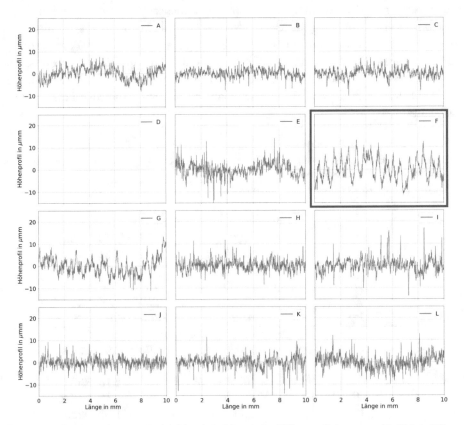

Abbildung 4.8 Ermittlung der Drehzahl und des Vorschubs: Höhenprofil der unterschiedlichen Fräsparametersätze. In rot markiert ist das ausgewählte Höhenprofil.

Der Parametersatz D konnte nicht in die Auswertung übernommen werden, da die Drehzahl des Fräsers für die gewählte Vorschubgeschwindigkeit zu niedrig war. Die Schneiden konnten nicht schnell genug den Weg freischneiden, somit blieb der Fräser im Material stecken. Diese Konfiguration wird aus der Untersuchung ersatzlos gestrichen.

Die quantitativen Werte für die Rautiefe liegen tendenziell höher, als die in Abschnitt 4.5 ermittelten Oberflächenrauigkeiten. Dies liegt unter anderem daran, dass die ausgewertete Messstrecke mit 60 mm wesentlich länger ist, als später die betrachtete Messstrecke von 6 mm der BZ6 Zugproben. Die Wahrscheinlichkeit des Auftretens eines Defekt steigt mit zunehmender Länge einer Messstrecke.

Wie der Tabelle zu entnehmen, ist der Mittenrauwert für den Parametersatz F mit 3.91 μm am höchsten. Die maximale Rautiefe liegt mit 24.6 μm im oberen Spektrum. Diese Fräseinstellung besitzt eine auffallende Gleichmäßigkeit im Höhenprofilen. Daher wird diese Kombination für die weiteren Untersuchungen genutzt. Als Kennung wird in den folgenden Darstellungen der Standard-Fräsparametersatz mit mod0, der in diesem Kapitel definierte zweite Parametersatz F mit mod1 abgekürzt.

4.3 Mikroskopische Untersuchung

Unterstützend zu den topographischen Aufnahmen werden mikroskopische Bilder der Fräskante aufgenommen. Diese sollen Artefakte beleuchten, welche in den 2D Höhenprofilen nicht ausgewertet werden können. Das verwendete Mikroskop des Typs BX-50 (vgl. Abbildung 2.10 links) wird mit der Olympus CX-50 Kamera genutzt.

Die vergrößerten Aufnahmen der Oberfläche können direkt mit dem Höhenprofil aus Unterabschnitt 4.2.3 korreliert werden. In Abbildung 4.9 ist ein Ausschnitt des Höhenprofils dargestellt, dessen Skalierung dem Mikroskopiebild entspricht. Die Spitzen des Höhenprofils zeichnen sich besonders bei der mod1 Modifikation in der mikroskopischen Aufnahme ab.

Es wurden Vergleichsaufnahmen von Proben mit 0° und 90° Faserorientierung gemacht. In Abbildung 4.10 sind diese für die Fräsparametersätze mod0 und mod1 dargestellt. Unterschiede zwischen den Faserorientierungen lassen sich in der Faseranordnung erkennen. Bei den 0°-Proben sind die Fasern größtenteils gut zu erkennen. Bei den 90°-Proben stehen die Fasern in die Bildebene hinein, man schaut daher auf die Faserenden, die als dunkle Kreise im Bild sichtbar sind. In der optischen Erscheinung des Matrixmaterials lassen sich zwischen den Parametersätzen keine wesentlichen Unterschiede erkennen.

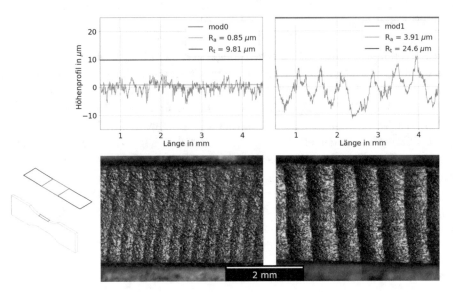

Abbildung 4.9   Ermittlung der Fräsparameter: Höhenprofil der unterschiedlichen Sätze aus Drehzahl und Vorschub.

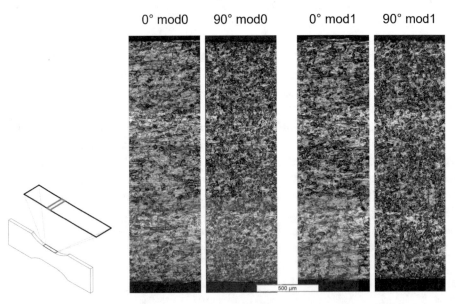

Abbildung 4.10   Vergleichsaufnahmen von 0°- und 90°-Proben. Es sind Unterschiede in der Faserorientierung zu erkennen, nicht aber im Fräsparametersatz.

4.4 Einfluss der Probengeometrie auf die Oberflächenrauigkeit und die mechanischen Kennwerte

Die Fragestellung, welchen Einfluss die bearbeitete Fläche auf die mechanischen Eigenschaften hat, soll in diesem Kapitel näher behandelt werden. Der bearbeitete Rand beeinflusst laut DIN EN ISO 2818-2019 [27] und ASTM D638 [22] die Ergebnisse der mechanischen Prüfung von faserverstärkten Polymerwerkstoffen erheblich. Daher soll die Breite des BZ12 (vgl. Unterabschnitt 4.1.3) variiert werden, sodass das Verhältnis von unbearbeiteter zu bearbeiteter Oberfläche des Prüfvolumens sich ändert. Die unterschiedlich breiten Zugstäbe werden aus hochorientierten Platten heraus gefräst, wobei die Geometrie des BZ12 die Ausgangsgeometrie bildet. In Abbildung 4.11 sind alle modifizierten BZ12 Geometrien dargestellt. Für schmalere Proben wird ein Streifen abgezogen, für breitere Proben wird die Geometrie um einen Streifen mittig erweitert. Die Kontur in Längsrichtung, also von der oberen Schulter, über den Radius zum probenparallelen Bereich, über den Radius zur unteren Schulter, bleibt unverändert.

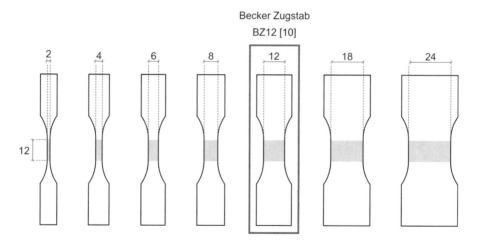

Abbildung 4.11   Skizzen der modifizierten BZ12 Geometrien [10] mit Prüfbreiten von 2, 4, 6, 8, 12, 18 und 24 mm Breite.

Folgende Annahme wurde getroffen: mit zunehmender Probenbreite verringert sich der Einfluss der gefrästen Randschicht. Da diese anteilig geringer wird, nähern sich die mechanischen Kennwerte einem konstanten Wert an. Hierfür werden unterschiedliche mechanische Kennwerte über der Probenbreite aufgetragen. Alle Probekörper werden mit dem Fräsparametersatz mod0 (vgl. Unterabschnitt 4.2.3) heraus gefräst. Die Höhenprofile werden gemessen, um eine Vergleichbarkeit der

Oberflächenrauheit zu überprüfen. In der Struktursimulation der Zugproben mit unterschiedlichen Breiten wird überprüft, ob ein einachsiger Belastungszustand vorliegt. Letztendlich werden die Ergebnisse der Zugversuche vorgestellt und diskutiert. Für diese Untersuchungen werden zwei kurzglasfaserverstärkte Kunststoffe verwendet: PBT GF 30 und PA GF 30. Aus den spritzgegossenen hochorientierten Platten werden je Breite und Material fünf Prüfkörper heraus gefräst.

Die Umgebungsbedingungen sind konstant, somit liegt die Raumtemperatur bei 23 ± 2 °C, die Luftfeuchtigkeit beträgt 50 ± 10 %.

4.4.1 Oberflächenrauigkeit

Aus den fünf gefertigten Proben werden je drei Höhenprofile aufgenommen. Diese werden entlang der gefrästen Kante gemessen (vgl. Abbildung 2.12). Über einen Anschlag am Probenhalter ist der grobe Bereich vorgegeben. Mit der Methode aus Unterabschnitt 2.6.3 wird der probenparallele Bereich ausgewertet, um Vergleichbarkeit zu gewährleisten.

Der arithmetische Mittenrauwert, sowie die maximale Rautiefe sind in Abbildung 4.12 dargestellt. Für beide Materialien nimmt der arithmetische Mittenrauwert mit steigender Plattenbreite ab. Zwischen 2 mm Plattenbreite und 4 mm Plattenbreite ist der größte Sprung zu verzeichnen. Für die PBG GF 30 Proben sind die Rauigkeitswerte der 4 mm bis 24 mm breiten Proben vergleichbar hoch. Für die PA66 GF30 Proben ist mit zunehmender Plattenbreite ab 4 mm eine leicht niedrigere Rauigkeit festzustellen. Die maximale Rautiefe, die ausschließlich die Differenz zwischen höchstem und niedrigstem Messwert darstellt, liegt resultierend aus dem Vergleich nur zweier Einzelmesswerte, deutlich höher als der arithmetische Mittenrauwert. Auch hier liegen die Rauigkeitswerte für niedrige Probenbreiten bedeutend höher. Es kann eine Abgrenzung hier für PBT GF 30 bei 4 mm, für PA66 GF 30 bei 6 mm gezogen werden. Die Rauigkeitswerte für Proben mit Breiten größer 4 mm bzw. 6 mm liegen auf einem vergleichbaren Niveau.

Es ist zu erkennen, dass die Rauigkeit bei 2 mm Probenbreite höher ist, als bei den übrigen Breiten. Ausschlaggebend kann hier der Fertigungsprozess selbst sein, denn die Niederhalter, die im Fräsprozess genutzt werden sind breiter als 2 mm. So muss ein Halter umgespannt werden, ohne den Niederhalter des Probekörpers zu lösen. Die übrigen Schritte im Herstellungsverfahren aller Probenbreiten sind identisch. Resultierende Eigenschwingungen und Vibrationen sollten beispielsweise über akustische Messungen in weiterführenden Studien betrachtet werden.

4.4.2 Mechanische Kennwerte

Um zu überprüfen, ob im Zugversuch bei den Probekörpern mit unterschiedlichen Breiten ein uniaxialer Spannungszustand vorliegt, wurden drei ausgewählte Geome-

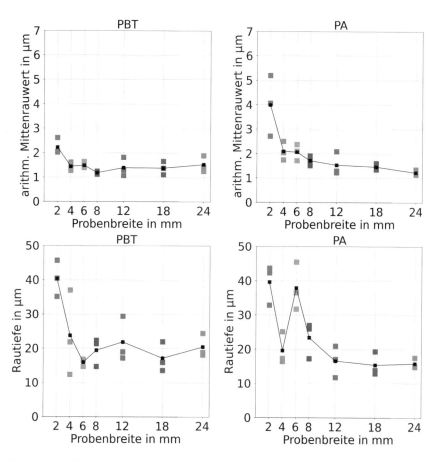

Abbildung 4.12 Vergleich der arithmetischen Mittenrauwerte sowie der maximalen Rautiefe in Abhängigkeit von der Probenkörperbreite für PBT GF 30 und PA66 GF 30. In schwarz eingetragen sind die Mittelwerte jeder Messreihe.

trien mit der Finite-Element-Methode (FEM) in der Software Ansys™untersucht. Hierfür werden die minimale Breite von 2 mm, die maximale Breite von 24 mm, sowie die mittige Ausgangsgeometrie mit einer Breite von 12 mm Breite ausgewählt.

Den Simulationen zu Grunde liegt ein transversal isotropes Materialmodell (vgl. Abbildung 2.2), das mit den in Tabelle 4.4 gezeigten Materialkennwerten parametrisiert ist. Aus Vorversuchen werden die E-Moduln berechnet. Die Querkontraktionszahlen sind aus dem Verhältnis der Längs- und Querdehnung bestimmt. Aus den E-Moduln und Querkontraktionszahlen werden nach [89] die Schubmoduln berechnet.

Tabelle 4.4 Materialkennwerte zur Parametrisierung des orthotropen Materialmodells für die Simulation zur Untersuchung des Einflusses der Probengeometrie auf die Rauigkeit und die mechanischen Kennwerte.

Materialparameter	Wert	Einheit
$E_{11} = E_{22}$	8.6	GPa
E_{33}	8.6	GPa
$\nu_{23} = \nu_{13}$	0.3	-
G_{12}	1.27	GPa
$G_{23} = G_{31}$	3.31	GPa

Die Einspannungen des realen Zugversuchs werden im Finite-Element-Methode mit den verfügbaren Randbedingungen abgebildet. Hierfür wird auf der Randfläche (vgl. Abbildung 4.13 links) der unteren Schulter eine fixierte Lagerung definiert.

Die Randfläche der oberen Schulter (vgl. Abbildung 4.13 rechts) wird mit einer Verschiebung von 5 mm beaufschlagt. Die Verschiebung wird innerhalb von 60 s aufgebracht, sodass eine Verformungsgeschwindigkeit von 5 mm/min resultiert.

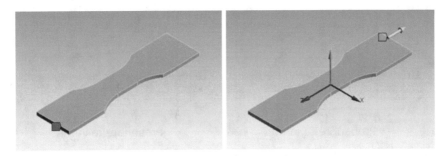

Abbildung 4.13 Randbedingungen der Struktursimulation ausgewählter Breiten zur Überprüfung des uniaxialen Spannungszustands mit Ansys.

Das Verhältnis von hydrostatischem Druck zu Vergleichsspannung kann als Maß der Triaxialität genutzt werden [25]. In Abbildung 4.14 sind die Ergebnisse der Struktursimulation dargestellt. Der angegebene Verhältnis-Wert beträgt im Fall von uniaxialem Zug 3. Dies ist bei den Geometrien mit einer Breite von 4 mm und 12 mm im probenparallelen Bereich mit einem Wert von 3.0005 und 2.935 gegeben. Für den Prüfstab mit 24 mm Breite wurde ein niedrigerer Wert berechnet, der mit 2.673 um ca. 10 % niedriger liegt. Er wird in die weiteren Versuchsergebnisse mit einbezogen, allerdings ist diese Probengeometrie nicht für die Ermittlung von Materialkennwerten geeignet.

Um die Probekörper uniaxial zu belasten, ist das mittige und lotrechte Einspannen zwingend erforderlich. Ebenso muss auf ein vertikales Einspannen besonderes Augenmerk gelegt werden. Für die Zentrierung sind an der oberen und unteren

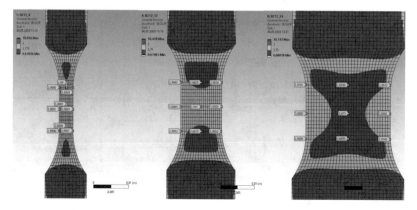

Abbildung 4.14 Struktursimulation ausgewählter Breiten zur Überprüfung des uniaxialen Spannungszustands mit Ansys.

Klemmbacke Anschläge angebracht, die für jede Breite separat eingestellt werden. Sie positionieren den Probekörper und richten dessen Schultern vertikal aus. Eine Reproduzierbarkeit und erleichterte Bedienung ist somit gegeben. Für die Ermittlung der Hencky-Dehnung wird vor der Prüfung die tatsächliche Breite und Dicke an drei Stellen des probenparallelen Bereichs jedes einzelnen Probekörpers vermessen. Die Zugprüfung wird im Nachgang mittels digitaler Bildkorrelation ausgewertet (vgl. Unterabschnitt 2.6.5).

Im Spannungs-Dehnungs-Diagramm (vgl. Abbildung 4.15) ist der Mittelwert aus fünf Einzelmessungen je Probenbreite für PBT GF 30 und PA66 GF 30 aufgetragen. Zwecks Übersichtlichkeit ist in Abbildung 4.16 jeder Kennwert separat abhängig von der Probenbreite dargestellt. Links in Abbildung 4.15 sowie oben in Abbildung 4.16 sind die Ergebnisse der PBT GF 30 Proben dargestellt, respektive rechts und unten die der PA66 GF 30 Proben.

Der E-Modul ist für PBT GF 30 über die unterschiedlichen Probenbreiten konstant. Für die Proben aus PA66 GF 30 kann diese Aussage nicht getroffen werden. Hier nimmt der E-Modul mit zunehmender Probenbreite leicht zu. Dies ist im Spannungs-Dehnungs-Diagramm mit einer Auffächerung nach der Probenbreite zu erkennen. Die Proben beider Materialien besitzen im Rahmen der Streuung einen ähnlichen E-Modul von ca. 10 GPa. Ähnlich verhält es sich mit der Zugfestigkeit. Die Proben aus PBT GF 30 besitzen eine konstante Zugfestigkeit, wohingegen die Zugfestigkeit der Proben aus PA66 GF 30 mit zunehmender Breite leicht zunimmt. Im Vergleich zwischen den Materialien liegt die Zugfestigkeit für PBT GF 30 bei 125 MPa und für PA66 GF 30 bei 150 bis 160 MPa. Die Bruchdehnung verhält sich gegensätzlich. Sie nimmt mit steigender Probenbreite für beide Materialien ab. Für PBT GF 30 verringert sie sich von 3 % auf 2 % und für PA66 GF 30 von 5 % auf

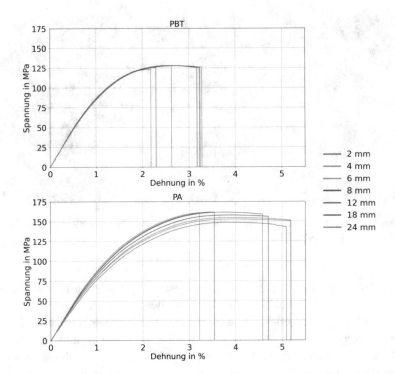

Abbildung 4.15 Spannung-Dehnungs-Diagramm mit Variation der Probekörperbreite für PBT GF 30 und PA66 GF 30.

3 %. Grund hierfür kann eine reduzierte Uniaxialität des Spannungszustands sein, die durch die hohe Breite hervorgerufen wird.

4.4.3 Schlussfolgerung

In diesem Abschnitt wurde der Einfluss des Verhältnisses zwischen einer bearbeiteten und unbearbeiteten Oberfläche auf die mechanischen Eigenschaften und die Oberflächenrauigkeit untersucht. Zusammenfassend lässt sich sagen, dass das Einspannen von besonders schmalen Probekörpern mit 2 mm probenparallelem Bereich in die Fräse zu technischen Herausforderungen geführt hat, auf die die höhere Rauigkeit zurückzuführen ist. Die Rauigkeitswerte der übrigen Proben liegen im Rahmen der Streuung für den arithmetischen Mittenrauwert bei 1.5 µm, für die maximale Rautiefe bei 19 µm. Der E-Modul und die Zugfestigkeit zeigen eine leichte Abhängigkeit von der Probenbreite, die Bruchdehnung hingegen eine deutlich stärkere Abhängigkeit.

Unterschiedliche Ergebnisse der beiden Materialien können aus materialspezifischen Faktoren resultieren. Beispielsweise kann die Wärmeabfuhr im spanenden

Verfahren des Fräsens andere Mikrovoraussetzungen am bearbeiteten Probenrand hervorrufen, denn die eingebrachte Wärmeenergie wird durch leicht unterschiedliche Wärmeleitfähigkeiten beider Matrixmaterialien anders verteilt. Zusätzlich reagieren die unterschiedlichen Matrixmaterialien nicht gleich auf die herrschende Luftfeuchte. Auch wenn die Proben in vakuumierten Beuteln aufbewahrt wurden, mussten sie zur Vermessung und Prüfung in definiertem Klima einer definierten Luftfeuchte ausgesetzt werden. Zwar waren beide Materialien vergleichbar lange an der Luft, allerdings kann die Absorptionsgeschwindigkeit unterschiedlich sein.

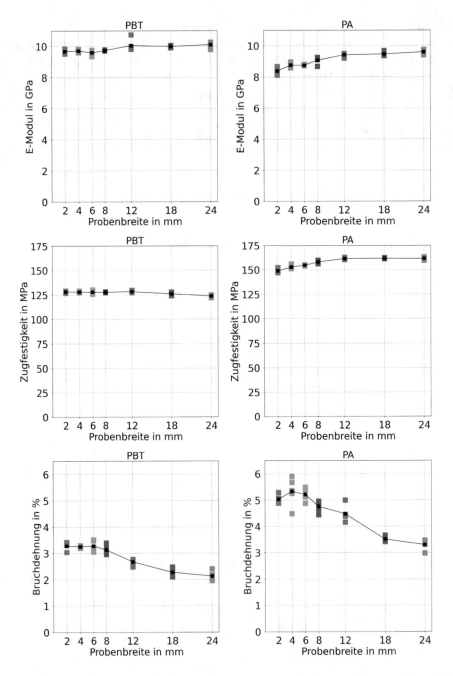

Abbildung 4.16 Vergleich des E-Moduls, der Zugfestigkeit, sowie der Bruchdehnung in Abhängigkeit von der Probekörperbreite für PBT GF 30 und PA66 GF 30. In schwarz eingetragen sind die Mittelwerte jeder Messreihe.

4.5 Auswertung der Oberflächenrauigkeit

Aus Effizienzgründen werden dreidimensionale Flächenscans oftmals durch zweidimensionale Linienscans ersetzt. Dies bedingt eine hinreichende Abbildungsgüte. In Unterabschnitt 4.5.1 werden Linienscans und Flächenscans vorgestellt, die mittels Triangulation aufgenommen werden. Die Scanrichtung liegt, wenn nichts anderes angegeben ist, in Längsrichtung der Zugproben am bearbeiteten Rand. Dies ist in Abbildung 2.12 dargestellt. Um mögliche Inhomogenitäten wie Faserumorientierung durch rheologische Effekte im Spritzgussverfahren (vgl. Unterabschnitt 2.4.1) nicht zu erfassen, wurde die Scanlinie auf ein Drittel der Dicke gelegt.

Die erhaltenen Daten werden mit zwei unterschiedlichen Topographiegeräten aufgenommen. Es wird ein Topographiegerät des Herstellers FRT des Typs Micro-Prof mit dem Sensor CWL 600 genutzt. Es deckt einen Messbereich in vertikaler Richtung von 0.6 mm ab. Außerdem wird ein Topographiegerät des Herstellers Stil des Typs Micromeasure2 verwendet. Dieses ist mit einem Sensor des Typs CL3 ausgestattet, der einen vertikalen Messbereich von 1.1 mm abdeckt.

Die Versuchsreihen aus Abschnitt 4.5 sind mit dem Micromeasure2 aufgenommen, die Oberflächenrauigkeiten aus Unterabschnitt 4.4.1 sind mit dem MicroProf gemessen. Die Auswertungen der Rauigkeitskennwerte erfolgten nach der gleichen Methode.

Die topographischen Messungen werden bei konstanten Umgebungsbedingungen durchgeführt. Die Raumtemperatur liegt bei 23 ± 2 °C, die Luftfeuchtigkeit beträgt 50 ± 10 %.

Aus den spritzgegossenen Platten werden Probekörper heraus gefräst. In Tabelle 4.5 ist die Anzahl der hergestellten Probekörper je Faserorientierung und Fräsparametersatz aufgelistet. Insgesamt werden 300 Proben gefräst und untersucht. Für jede Kombination aus Faserorientierung (0°, 45° und 90°) und Fräsparametersatz (mod0 und mod1) wird das Rauigkeitsprofil aufgenommen. Anschließend werden alle Proben unter Zugbelastung bis zum Versagen geprüft. Das Höhenprofil wird für jeden hergestellten Probekörper gemessen. Tabelle 4.7 gibt Aufschluss über die Anzahl der durchgeführten Zugprüfungen für die Temperaturen 23 °C und -10 °C.

Tabelle 4.5 Überblick über die Anzahl hergestellter Probekörper je Faserorientierung und Fräsparametersatz

Fräsparameter-satz	Anzahl		
	0°	45°	90°
mod0	60	30	60
mod1	60	30	60

4.5.1 Vergleich von zwei- und dreidimensionaler optischer Oberflächenerfassung

Zweidimensionale Oberflächenscans bestehen aus einem vorgegebenen Pfad, der abgerastert wird und dessen Höhenprofil, das zur Berechnung der Rauigkeitswerte genutzt wird. Dreidimensionale Oberflächenscans bestehen aus vielen nebeneinanderliegenden 2D Scans, die zu einem Feld zusammengefasst werden. Der Verständlichkeit wegen werden die 2D Oberflächenscans Linienscans genannt, die 3D Scans Flächenscans. Vorteilhaft bei Flächenscans ist die Beschreibung der gesamten Fläche, es können Unregelmäßigkeiten der Oberfläche leichter detektiert werden. Jedoch ist der zeitliche Aufwand erheblich größer als bei Linienscans und rechtfertigt die detailliertere Aufnahme nicht immer [1]. Ob 2D Scans die Flächenscans ersetzen können, soll im Folgen überprüft werden.

Im Folgenden werden die ermittelten Rauigkeitskennwerte rür Proben der Laufnummer 1 aus Linienscans mit Flächenscans verglichen. Die Flächenscans setzen sich aus einem Feld von Linienscans zusammen. Es werden 300 Linienscans zu der entsprechenden Fläche zusammengesetzt. Daher dauert die Aufnahme eines Flächenscans 300 mal so lange wie die Aufnahme eines Linienscans. In Zahlen bedeutet das eine Messzeit für Linienscans von ca. 30 Sekunden und einer Messzeit für Flächenscans von 2.5 Stunden. Da gezeigt werden kann, dass Linienscans die Flächenscans adäquat repräsentieren und die Messzeit wesentlich kürzer ist, werden für alle anderen Laufnummern nur Linienscans analysiert.

Die gefräste Kante der Proben wird für den Flächenscan über eine Länge von 10 mm und eine Breite von 1.5 mm vermessen. Analog zu der in Unterabschnitt 2.6.3 vorgestellten Methode werden die Rauigkeitswerte aus den Flächenscans berechnet. Die Rauigkeitswerte sind über das Feld des probenparallelen Bereichs von 6 mm mal 1.5 mm gemittelt. In Abbildung 4.17 links sind die Aufnahmen qualitativ dargestellt. Die optische Beurteilung lässt erkennen, dass die mod1-Oberflächen wesentlich rauer sind und eine Rillenstruktur ist deutlich erkennbar. Die mod0-Oberflächen zeigen ebenfalls Ansätze der frästypischen Rillenstruktur. Aus dem Flächenscan werden drei Linienscans an unterschiedlichen Positionen extrahiert (vgl. Abbildung 4.17 oben links). Rechts im Bild sind die extrahierten Linienscans LS2 dargestellt. Die Mittelwerte dieser drei Linienscans (LS1, LS2, LS3) werden mit den Mittelwerten des Flächenscans verglichen und sind in Tabelle 4.6 gegenübergestellt.

Die Mittenrauwerte der Flächenscans und gemittelten Linienscans liegen sehr nah beieinander. Auf dieser Grundlage kann gesagt werden, dass für den Mittenrauwert ein Linienscan repräsentativ für die gesamte Fläche ist.

Anders verhält es sich bei der maximalen Rautiefe. Hier liegen die Werte der Flächenscans wesentlich höher als die der Linienscans. Da die maximale Rautiefe sich aus zwei Einzelmesswerten zusammensetzt ist dies naheliegend: Je mehr Wer-

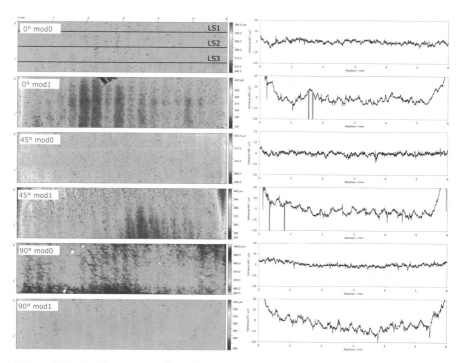

Abbildung 4.17 Flächenscans zur Ermittlung der Oberflächenrauigkeit.

te betrachtet werden, desto höher ist die Chance, dass ein besonders hoher oder besonders niedriger Wert detektiert wird. Resultierend ist *ein* Linienscan nicht aufschlussreich. Als Mittelwert aller Linienscans je Kombination aus Faserorientierung und Fräsparametersatz wird er jedoch zum Vergleich eingesetzt, da er sich dann aus 60 bzw. 30 Einzelmessungen zusammensetzt (vgl. Tabelle 4.5). Diese Schlussfolgerung deckt sich mit Erkenntnissen von DELEANU, der beschreibt, dass der Mittenrauwert deutlich weniger sensibel auf die Messmethode ist, als die maximale Rautiefe [24].

Da die Auswertung zeigt, dass ein Linienscan die Mittenrauigkeit hinreichend beschreibt, werden zur Analyse aller Kombinationen aus Faserorientierung und Fräsparametersatz Linienscans aufgenommen. Die Messlänge beträgt 10 mm. Die Rauigkeitswerte werden über eine Strecke von 6 mm gemittelt ausgewertet. Generell dient die maximale Rautiefe als Vergleichswert einer Oberfläche begrenzt. In Kombination mit einem zweiten Rauigkeitswert, beispielsweise der Mittenrauigkeit, gibt sie allerdings eine sinnvolle Zusatzinformation über die Extremwerte.

Im Folgenden werden alle Probekörper mit 2D Linienscans aufgenommen und deren Rauigkeitswerte berechnet.

Tabelle 4.6 Vergleich der Oberflächenrauigkeiten zwischen Linienscan (LS) und Flächenscan (FS) für alle Kombinationen aus Orientierung und Fräsparametersatz.

Kombination		LS1	LS2	LS3	∅ LS	FS	∅ Abw.
		Mittenrauwert R_a / µm					
0°	mod0	2.654	2.465	2.105	2.515	2.674	6.3
	mod1	4.628	4.266	4.986	4.628	4.633	0.1
45°	mod0	1.987	3.568	2.339	1.987	2.777	39.8
	mod1	5.138	5.228	5.106	5.138	5.230	1.8
90°	mod0	2.748	2.767	2.717	2.748	2.771	0.8
	mod1	6.898	6.430	6.703	6.898	6.754	2.1
		maximale Rautiefe R_t / µm					
0°	mod0	30.527	3.127	3.127	12.307	34.037	176
	mod1	5.138	5.576	22.056	10.923	29.428	169
45°	mod0	2.767	2.852	3.167	2.929	54.471	1759
	mod1	16.913	4.407	4.842	8.721	27.569	216
90°	mod0	2.096	1.839	1.932	1.956	23.578	1105
	mod1	7.021	7.135	26.004	13.387	37.448	179

4.5.2 Auswertung der Rauigkeitskennwerte

Aus den gemessenen Höhenprofilen wird der arithmetische Mittenrauwert, sowie die maximale Rautiefe berechnet. Sie sind in Abbildung 4.18 für die unterschiedlichen Faserorientierungen und Fräsparametersätze dargestellt.

Die Ergebnisse werden in Box-Plots dargestellt. Hierbei ist besonders, dass alle Ergebniswerte ihrer Größe nach sortiert werden. Der Median, auch Zentralwert genannt, ist durch einen horizontalen Strich in der Box gekennzeichnet. Ist die Anzahl der Ergebniswerte ungerade, ist der Median der in der Mitte stehende Wert. Ist die Anzahl der Ergebniswerte gerade, ist der Median das arithmetische Mittel der beiden mittleren Werte. Die Box erstreckt sich von den unteren bis zu den oberen Quartilwerten der Daten. Die Whisker erstrecken sich von der Box aus, um den gesamten Datenbereich darzustellen. Ausreißerpunkte sind diejenigen, die über das Ende der Whisker hinausgehen.

Bei einer Faserorientierung von 0° zeigen die mod0-Proben im Median einen Mittenrauwert von 0.72 µm, wohingegen die mod1-Proben bei durchschnittlich 1.28 µm liegen. Für die 45°-Proben liegt der Median für mod0 bei 0.69 µm und für mod1 bei 1.15 µm. Vergleichbar liegt der Median bei den Proben, die mit einer Faserorientierung von 90° entnommen wurden und mit dem Fräsparametersatz mod0 hergestellt wurden, bei 0.59 µm und für Proben mit dem Fräsparametersatz mod1 bei 1.35 µm. Die Mediane der Mittenrauwerte erweisen sich als unabhängig von der Faserorientierung, wohl aber abhängig vom Fräsparametersatz. Dies

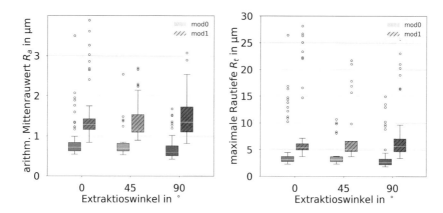

Abbildung 4.18 Vergleich der berechneten Oberflächenrauigkeiten in Abhängigkeit von der Faserorientierung für PBT GF 30.

liegt nahe, da die Fräsparametersätze so gewählt wurden, dass sie unterschiedliche Rauigkeitslevels hervorrufen.

Um eine Aussage über die Streuung der Ergebnisse machen zu können, werden nun die Abstände zwischen dem ersten und dritten Quartil (Quartilabstände), also die Größe des Kastens, betrachtet. In Bezug auf den mod0 Fräsparametersatz liegen die Quartilabstände für 0° bei 0.21, für 45° bei 0.21 und für 90° bei 0.26. In Bezug auf den mod1 Fräsparametersatz liegen die Quartilabstände für 0° bei 0.28, für 45° bei 0.44 und für 90° bei 0.66. Es ist auffallend, dass der Quartilabstand bei einer Faserorientierung von 90° am größten ist und bei 0° am kleinsten. Eine Erklärung hierfür liefert die vorliegende Faserorientierung: Bei 0° Faserorientierung, also 0° Extraktionswinkel liegen die Fasern in Fräsrichtung vor, wohingegen bei 90° Faserorientierung die Fasern quer zur Fräsrichtung liegen. Somit führt ein Trennen des Materials in Faserlängsrichtung zu einem reproduzierbaren Ergebnis, wohingegen das Trennen quer zur Faserausrichtung mehr Streuung aufweist.

Werden die maximalen Rautiefen der Proben mit dem Fräsparametersatz mod0 gegenüber gestellt, kann für 0°-Proben ein Median von 3.14, für 45°-Proben ein Median von 3.17 und für die 90°-Proben ein Median von 2.63 berechnet werden. Die Medianwerte für die Proben mit dem Fräsparametersatz mod1 liegen für 0°-Proben bei 5.44, für 45°-Proben bei 5.14 und für 90°-Proben bei 5.68. Unabhängig von der vorliegenden Faserorientierung sind zwei Rauigkeitslevel festzustellen.

Bei der Betrachtung der Quartilabstände fällt für die mod0-Proben auf, dass sie sehr deckungsgleich sind: Die 0°-Proben haben eine Kastengröße von 1.03, die 45°-Proben eine Größe von 0.97 und die 90°-Proben eine Größe von 1.08. Anders verhält es sich bei den mod1-Proben. Hier vergrößert sich der Quartilsabstand mit zunehmender Faserorientierung: bei den 0°-Proben liegt die Kastengröße bei 1.12, bei 45°-Proben bei 1.94 und bei 90°-Proben bei 2.48. Analog zu den Werten der Mittenrauigkeit nimmt die Streuung der maximalen Rautiefe bei einer Probenextraktion quer zur Faserlängsrichtung, also 90° Faserorientierung zu.

4.6 Auswertung der mechanischen Kennwerte

Die mechanischen Kennwerte E-Modul, maximale Spannung und maximale Dehnung werden aus Zugversuchen generiert. Die genutzte Prüfkörpergeometrie entspricht der in Unterabschnitt 4.1.3 vorgestellten BZ6 Geometrien.

Alle Zugversuche werden nach DIN EN ISO 527 an uniaxialen Zugprüfmaschinen durchgeführt. Die konstante Prüfgeschwindigkeit für die BZ6 Probekörper liegt bei 0.5 mm/min, wie in Unterabschnitt 4.1.3 beschrieben.

Für die Durchführung der Zugprüfungen wurden zwei unterschiedliche Maschinen in zwei Laboren genutzt. Die verwendete servo-hydraulische Zugprüfmaschine Z250 der Firma Zwick/Roell ist mit einer 20 kN Kraftmessdose ausgestattet und im Labor 1 beheimatet. Die Klemmbacken sind pneumatische Spannsysteme, die mit einem Backendruck von 3 bar eingesetzt werden. Die Versuchsreihen aus Unterabschnitt 4.4.1 wurden in Labor 1 mit der Zugprüfmaschine von Zwick/Roell durchgeführt. Des Weiteren wird eine Zugprüfmaschine des Herstellers Instron im Labor 2 verwendet. Diese ist mit einer 30 kN Kraftmessdose bestückt und es wird ein pneumatisches Spannsystem mit einem Backendruck von 3.5 bar verwendet. Die Experimente aus Unterabschnitt 4.4.2 und Abschnitt 4.7 wurden mit der Zugprüfmaschine von Instron aufgenommen.

Die mechanischen Prüfungen werden bei konstanten Umgebungsbedingungen durchgeführt. In beiden Laboren liegt die Raumtemperatur bei 23 ± 2 °C, die Luftfeuchtigkeit beträgt 50 ± 10 %.

Nach der Zugprüfung wird mit digitaler Bildkorrelation die Dehnung berechnet (vgl. Unterabschnitt 2.6.5). Für die Ermittlung der mechanischen Kennwerte werden sowohl die Breite als auch die Dicke des probenparallelen Bereichs je drei Mal vermessen. Das Produkt der beiden Mittelwerte für Dicke und Breite ergibt den wahren Anfangsquerschnitt dieser Probe. Nach dem Vermessen jeder einzelnen Probe, wird der probenparallele Bereich mit einem zufälligen Punktemuster lackiert (vgl. Unterabschnitt 2.6.5). Während des Zugversuchs werden kontinuierlich Bilder mit einer Bildrate von 10 Bildern pro Sekunde des probenparallelen Bereichs aufgenommen. Die Serienbilder werden in Labor 1 mit einer Kamera des Typs UI-2240 SE-M-GL der Firma IDS, und in Labor 2 mit einer Kamera des Typs Pike F505 der Firma adapt-electronics-solutions aufgenommen. Der Abstand zwischen Probe und Linse beträgt in Labor 1 640 mm und in Labor 2 550 mm. Die Objektive beider Kameras haben eine Brennweite von 50 mm. Es ist eine Belichtungszeit von

Tabelle 4.7 Überblick über die Anzahl der Wiederholungen der durchgeführten Zugversuche in Abhängigkeit von dem Fräsparametersatz, der Faserorientierung und der Temperatur in den Laboren 1 und 2.

Fräsparameter-satz	Faserori-entierung / °	Anzahl der Tests		
		23 °C		-10 °C
		Lab 1	Lab 2	Lab 2
	0	5	20	40
mod0	22.5	5		
	45	5	10	20
	67.5	5		
	90	5	20	40
	135	5		
	0		20	40
mod1	45		10	20
	90		20	40

20 ms eingestellt. Für einen Versuch werden 1000 bis 2000 Bilder aufgenommen. Die Anzahl der Bilder ist von der Versuchsdauer abhängig, die vornehmlich mit der vorliegenden Faserorientierung und der Prüftemperatur korreliert. Da die Versuchszeit für 0°-Proben deutlich kürzer ist als für 90°-Proben, variiert die Anzahl der aufgenommenen Bilder stark. Um den Rechenaufwand zu minimieren, werden die Bilderstapel anschließend auf 500 Bilder reduziert. Für die digitale Bildauswertung der Serienbilder wird die Software VIC-2D (Labor 1) und VIC-3D (Labor 2) der Firma Correlated Solutions® in dieser Arbeit genutzt. Die Untersuchung der Verschiebung der einzelnen Punkte zueinander erlaubt die Ermittlung der lokalen Dehnung mittels digitaler Bildkorrelation. Aus dem daraus aufgezeichneten Querschnitt wird die wahre Spannung berechnet.

Im folgenden Unterabschnitt 4.6.1 werden die mechanischen Kennwerte der faserorientierungsabhängigen Prüfung bei Raumtemperatur vorgestellt. Es wird eine Vergleichsmessung in beiden Laboren durchgeführt und diskutiert. Danach wird in Unterabschnitt 4.6.2 auf die mechanischen Eigenschaften abhängig vom Fräsparametersatz eingegangen. Abschließend wird in Unterabschnitt 4.6.3 eine Prüfserie vorgestellt, die bei -10 °C aufgenommen ist. Tabelle 4.7 gibt eine Übersicht über die Anzahl der durchgeführten Zugversuche je Serie.

4.6.1 Faserorientierungsabhängige Ergebnisse

Die mechanische Antwort aus den Zugversuchen bei Raumtemperatur für den standardmäßig genutzten Fräsparametersatz mod0 wird im Folgenden diskutiert. Es werden erst die Spannungs-Dehnungs-Kurven aus Labor 1 für die Faserorientierun-

Tabelle 4.8 Auflistung der mechanischen Kennwerte aus Zugversuchen an PBT GF 30, hergestellt mit dem Standard-Fräsparametersatz, geprüft bei Raumtemperatur.

Faserori-entierung / °	E-Modul GPa		max. Spannung MPa		max. Dehnung %	
	Lab 1	Lab 2	Lab 1	Lab 2	Lab 1	Lab 2
0	8.9	8.8	119.7	125.7	2.9	2.9
22.5	6.6		93.8		3.6	
45	4.3	4.3	67.8	72.6	7.8	6.5
67.5	3.9		57.5		8.6	
90	3.3	3.0	54.3	30.3	8.4	7.4
135	4.4		67.6		7.7	

gen 0°, 22.5°, 45°, 67.5°, 90° und 135° vorgestellt. Danach wird ein Vergleich zwischen den in Labor 1 und Labor 2 aufgenommenen Spannungs-Dehnungs-Kurven bei Raumtemperatur für 0°, 45° und 90° gezeigt.

Das Spannungs-Dehnungs-Diagramm der Versuche aus Labor 1 ist in Abbildung 4.19 abgebildet. Dargestellt sind die Mittelwerte von wahrer Spannung über longitudinaler Hencky-Dehnung. Der linear-elastische Bereich reicht unabhängig von der Faserorientierung bis ca. 0.8 % Dehnung. Die E-Moduln der gemittelten Ergebnisse, folglich die Steigung der Kurven, sind stark von der vorherrschenden Faserorientierung abhängig. Die 0°-Proben haben den höchsten E-Modul mit 9.1 GPa, der mit zunehmender Faserorientierung bis 90° auf 3.0 GPa abfällt. Aus geometrischen Gründen (vgl. Abbildung 4.5) ist ein vergleichbares mechanisches Verhalten von 45° und 135°-Proben zu erwarten, dies deckt sich mit den in Tabelle 4.8 dargestellten Daten.

Mit Erreichen des Fließpunkts beginnt der plastische Bereich. Die Länge des plastischen Bereichs hängt stark von der Orientierung der Verstärkungsfasern ab. Für die 0° orientierten Proben ist der Bereich wesentlich kleiner als für 90° orientierte Proben. Hier ist das Deformationsvermögen deutlich höher. Das plastische Verhalten der 0°-Proben ist ein faserdominiertes Verhalten. Das bedeutet, dass die Last vornehmlich von den Fasern aufgenommen wird. Bei den 90°-Proben ist das Verhalten matrixdominiert. Hier nimmt die Matrix den Haputanteil der Laust auf. Da die Fasern weitaus steifer als die Matrix sind entstehen bedeutende Unterschiede in der überlagerten Materialantwort. Die Faser-Matrix-Anbindung wird faserorientierungsabhängig unterschiedlich belastet [65]. Daher ist eine Untersuchung dieser Verbindungsstelle für weiterführende Forschung von Interesse. Die maximale Dehnung liegen bei 2.9 % für 0°-Proben und steigt auf ca. 8.5 % bei 90°- und 65.7°-Proben. Die maximale Spannung verringert sich mit steigender Faserorientierung. So liegt sie für 0°-Proben bei 199.7 MPa und fällt auf 45.3 MPa für die 90°-Proben ab.

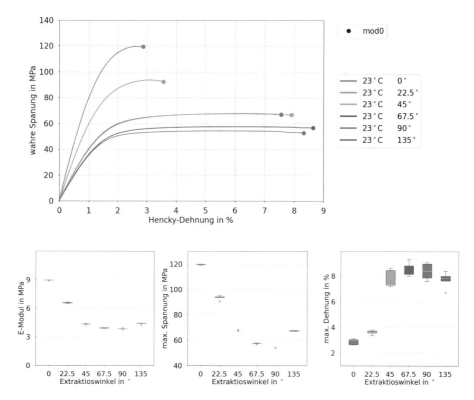

Abbildung 4.19 Spannungs-Dehnungs-Diagramm (oben) und Vergleich der mechanischen Kennwerte (unten links: E-Modul, unten mittig: maximalen Spannung und unten rechts: maximalen Dehnung) in Abhängigkeit von der Faserorientierung bei Raumtemperatur mit dem Standard-Fräsparametersatz.

Abbildung 4.20 stellt die Spannungs-Dehnungs-Kurven der Versuche aus Labor 1 und Labor 2 bei Raumtemperatur für Proben der Faserorientierung 0°, 45° und 90° gegenüber. Es ist zu erkennen, dass sich die Größe des linear-elastischen und des plastischen Bereichs je Faserorientierung nicht unterscheiden. In Tabelle 4.8 sind die Daten im Vergleich der beiden Labore aufgelistet. Die E-Moduln unterscheiden sich unwesentlich voneinander. Über die maximalen Spannungen lässt sich sagen, dass die in Labor 2 aufgenommenen Werte 5 % höher liegen. Die maximalen Dehnungen fallen für die in Labor 2 aufgenommenen Werte für 45° und 90°-Proben niedriger aus, die 0°-Proben besitzen eine vergleichbare maximale Dehnung.

Die Unterschiede können aus unterschiedlichen Umgebungsbedingungen resultieren. Beispielsweise kann die Temperatur im Labor durch Sonneneinstrahlung variieren. Beide Labore sind mit einer Klimaanlage zur Temperaturregelung ausgestattet. Die Temperatur schwankt in den angegebenen Toleranzen. Da zwei unterschiedliche Maschinen mit nicht gleicher Ausstattung von Klemmbacken, Kraft-

messdose, Aufbau und Kamerasystem genutzt wurden, sind leichte Unterschiede
in den Resultaten nicht ungewöhnlich. Auch die unterschiedlichen Lagerzeiten der
Proben zwischen Spritzguss und mechanischer Prüfung können einen Einfluss auf
die mechanische Antwort haben. Die in Labor 1 geprüften Proben wurden 4-6 Wochen gelagert, die in Labor 2 geprüften Proben wurden 14-17 Wochen gelagert.

Aufgrund der unterschiedlichen Spannungsniveaus der maximalen Spannung
wird der Schluss gezogen, dass ausschließlich Proben aus dem selben Prüflabor
miteinander verglichen werden. Daher werden im Folgenden nur die Versuchsergebnisse aus einem Labor gegenüber gestellt. Dies bringt keine Beeinträchtigungen
mit sich, da die zu vergleichenden Versuchsreihen in einem Labor aufgenommen
werden.

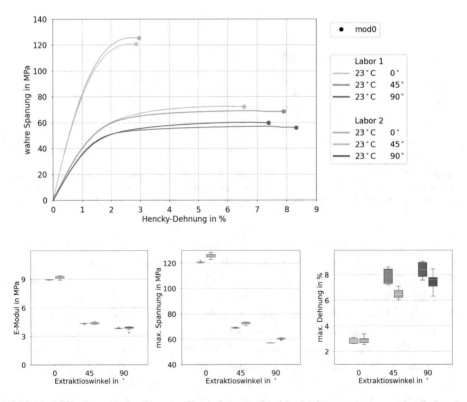

Abbildung 4.20 Gegenüberstellung der Ergebnisse aus den Vergleichsmessungen aus dem Labor 1
und Labor 2; Spannungs-Dehnungs-Diagramm (oben) und Vergleich der mechanischen Kennwerte
(unten links: E-Modul, unten mittig: maximalen Spannung und unten rechts: maximalen Dehnung) in
Abhängigkeit von der Faserorientierung bei Raumtemperatur mit dem Standard-Fräsparametersatz.

4.6.2 Fräsparametersatzabhängige Ergebnisse

Es werden im Folgenden die mechanischen Kennwerte der unterschiedlichen Fräsparametersätze für jede Faserorientierung verglichen. Die vorgestellten Ergebnisse entstammen in Labor 2 geprüften Proben.

In Abbildung 4.21 ist deutlich zu erkennen, dass im linear-elastischen Bereich die Kurven übereinander liegen. Die Daten aus Tabelle 4.9 untermauern diese Feststellung. Somit ist keine Abhängigkeit des E-Moduls vom Fräsparametersatz zu erkennen.

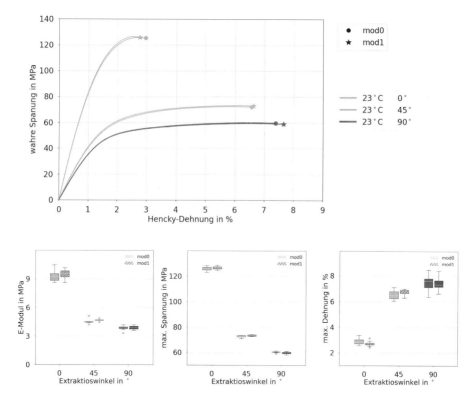

Abbildung 4.21 Spannungs-Dehnungs-Diagramm (oben) und Vergleich der mechanischen Kennwerte (unten links: E-Modul, unten mittig: maximalen Spannung und unten rechts: maximalen Dehnung) in Abhängigkeit vom Fräsparametersatz für unterschiedliche Faserorientierungen bei Raumtemperatur.

Die gemittelten maximalen Spannungen sind für beide Fräsparametersätze innerhalb einer Faserorientierung vergleichbar. Sie besitzen einen kleinen Streubereich und zeigen keine Abhängigkeit vom Fräsparametersatz. Die Streuung der maximalen Dehnung nimmt für beide Fräsparametersätze mit zunehmender Faser-

Tabelle 4.9 Auflistung der mechanischen Kennwerte aus Zugversuchen an PBT GF 30, hergestellt mit beiden Fräsparametersätzen und gemessen bei -10 °C.

Faserorientierung °	E-Modul GPa		max. Spannung MPa		max. Dehnung %	
	mod0	mod1	mod0	mod1	mod0	mod1
0	9.4	9.5	157.6	159.5	2.2	2.3
45	4.9	4.8	100.8	101.3	4.6	4.2
90	4.2	4.3	84.7	84.0	3.7	3.6

orientierung zu. Die vorliegenden Daten deuten nicht auf eine Abhängigkeit von den Fräsparametersätzen zu.

Da spröde Materialien eine höhere Empfindlichkeit des Bruchverhaltens gegenüber Oberflächendefekten wie Kerben und Unstetigkeiten aufweisen, ist es naheliegend, diese Versuche mit einem spröderen Materialverhalten zu wiederholen. Weil das Material zwecks Vergleichbarkeit an dieser Stelle nicht geändert werden soll, wird das Phänomen der Materialversprödung bei verringerter Temperatur [72] genutzt. Aus diesem Grund werden die Versuche bei verringerter Prüftemperatur wiederholt.

4.6.3 Temperaturabhängige Ergebnisse

Um die bei Raumtemperatur ausbleibenden Phänomene näher zu betrachten, werden weitere Versuche bei niedrigerer Temperatur durchgeführt. Anlass hierfür gibt die Versprödung des Matrixmaterials bei tieferen Temperaturen [83]. Diese Versuche sollen einen Beitrag zur Klärung der Frage, ob eine höhere Rauigkeit einen messbaren Einfluss auf die mechanischen Eigenschaften zeigt, leisten. Der Testaufbau gleicht dem aus Unterabschnitt 4.6.2. Einzig die Versuchstemperatur wird in einer Klimakammer mit Stickstoff auf -10 °C heruntergekühlt. Die Proben lagern für 20 Minuten in der Kammer, ehe der Versuch gestartet wird. Auf diese Weise wird sicher gestellt, dass auch der Kern der Probe abgekühlt ist.

Betrachtet man nun die in Abbildung 4.22 dargestellten Spannungs-Dehnungs-Kurven für die Versuche bei -10 °C, zeigt sich eine deutliche Versprödung im Vergleich zur Prüfung bei Raumtemperatur. Die Kurven liegen im linear-elastischen Bereich übereinander. Somit ist keine Abhängigkeit des E-Moduls vom Fräsparametersatz zu erkennen.

Besonders die plastischen Anteile der Kurven bei einer Faserorientierung von 45° und 90° sind deutlich reduziert im Vergleich zu den Ergebnissen bei Raumtemperatur. Das plastische Deformationsvermögen ist auf das Matrixmaterial und nicht die Faser zurück zu führen, da Kunststoffe wesentlich sensibler auf eine Tem-

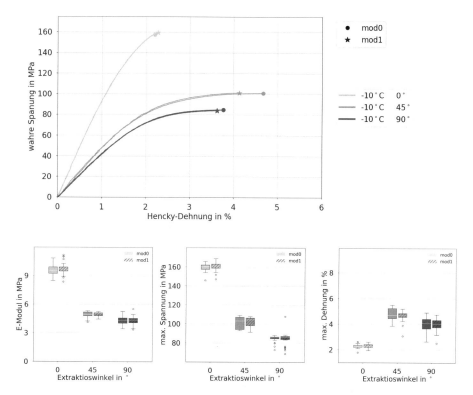

Abbildung 4.22 Spannungs-Dehnungs-Diagramm (oben) und Vergleich der mechanischen Kennwerte (unten links: E-Modul, unten mittig: maximale Spannung und unten rechts: maximale Dehnung) in Abhängigkeit vom Fräsparametersatz für unterschiedliche Faserorientierungen bei niedriger Temperatur.

peraturänderung von 33 K reagieren als Glas. Daher deckt sich das Ergebnis mit den Erwartungen.

Die maximalen Spannungen liegen für beide Fräsparametersätze innerhalb einer Faserorientierung auf vergleichbarem Niveau. Sie besitzen einen kleinen Streubereich. Die maximalen Dehnungen zeigen ein ähnliches Verhalten. Die Streuung der maximalen Dehnung nimmt für beide Fräsparametersätze mit zunehmender Faserorientierung zu. Auffällig ist, dass die 45°-Proben eine höhere maximale Dehnung besitzen, als die 90°-Proben. Dies ist dem Schubanteil abzuleiten, der mehr Verformung erlaubt.

Die Zugprüfung bei niedriger Temperatur wird in eine Prüfkammer durchgeführt. Diese ist auf -10 °C heruntergekühlt, die Probe, ebenso wie die Klemmbacken der Maschine liegen innerhalb der Kammer. Die Kraftmessdose liegt dagegen außerhalb, um sie vor Temperatureinflüssen zu schützen. In der Kammertür befindet sich ein Fenster, durch das für die Auswertung der lokalen Dehnungen Bilder aufgenommen. Zwischen Fenster und Probe zirkuliert die Luft. Um das Flimmern durch die thermischen Bedingungen zu Unterbinden, wird die Stickstoffzufuhr für die Versuchsdauer pausiert. Temperaturmessungen ergeben für die Versuchsdauer keine Temperaturänderung. Aufgrund von beschränkten Möglichkeiten Leuchtmittel innerhalb der Kammer zu integrieren und räumlichen Restriktionen ist die Ausleuchtung der Kammer herausfordernd. Die Klemmbacken sind im Verhältnis zur Probe groß und werfen einen Schatten. Mit externen Leuchtmitteln wird zusätzliches Licht eingebracht, sodass der Auswertebereich der Probe hinreichend ausgeleuchtet ist.

4.7 Einfluss der Oberflächenrauigkeit auf die mechanischen Eigenschaften

Die zweite Forschungsfrage, die in Abschnitt 1.2 definiert ist, greift das Thema auf, inwiefern sich die Oberflächenrauigkeit auf die mechanischen Eigenschaften auswirkt. Hierfür wurden Proben mit zwei Rauigkeitsniveau unter unterschiedlichen Faserorientierungen hergestellt und bei 23 °C und bei -10 °C gemessen. Es wird erwartet, dass mit steigender Oberflächenrauigkeit die maximale Dehnung abnimmt, da durch die eingebrachten Kerben eine höhere Wahrscheinlichkeit für ein früheres Versagen gegeben ist. Außerdem wird erwartet, dass die Streuung der maximalen Dehnung höher wird. Zuerst wird der Punkt des Versagens im Spannungs-Dehnungs-Diagramm betrachtet. Anschließend wird die maximale Rautiefe über der maximalen Spannung bzw. der maximalen Dehnung aufgetragen und diskutiert.

In Abbildung 4.23 ist die wahre Spannung über der Hencky-Dehnung aufgetragen. Eingezeichnet sind die Versagenspunkte jeder Einzelmessung für die beiden Fräsparametersätze. Anhand dieser Darstellung soll die Größe des Streubereichs diskutiert werden

Die Punktewolke ist so ausgerichtet, dass die spezifische gemittelte maximale Dehnung $\overline{\varepsilon_{max}}$ auf der Abszisse mittig eingetragen ist. Der gesamte dargestellte Bereich erstreckt sich für alle Kombinationen über zwei Prozentpunkte der Dehnung, die Achsenmarkierungen sind bei $\pm$ 1 % gesetzt. Es ist zu erwähnen, dass die gemittelte maximale Dehnung Tabelle 4.8 respektive Tabelle 4.9 entnommen werden kann und für jede Kombination aus Faserorientierung und Prüftemperatur differiert. Analog zur Abszisse sind die Ordinatenwerte eingetragen. Hier ist die spezifische gemittelte maximale Spannung $\overline{\sigma_{max}}$ für jede Kombination gesetzt. Der dargestellte Bereich erstreckt sich über 50 MPa, die Achsenmarkierungen sind bei $\pm$ 20 MPa gesetzt.

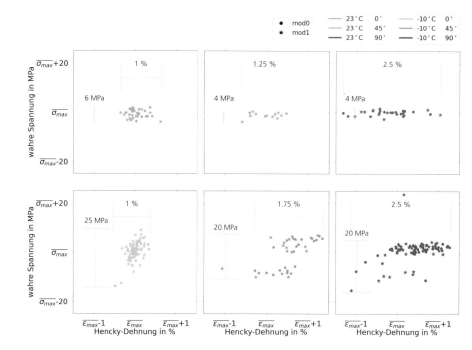

Abbildung 4.23 Korrelationsgrafik im Spannungs-Dehnungs-Diagramm. Die Streuung der maximalen Dehnung nimmt mit steigender Faserorientierung zu, die Streuung der maximalen Spannung nimmt mit Temperaturabsenkung zu.

Wird die Streuung der maximalen Dehnung betrachtet fällt auf, dass sich mit zunehmendem Extraktionswinkel die Streuung der Versagenspunkte vergrößert. Für 0°-Proben liegt er unabhängig von der Prüftemperatur bei einer Größe von einem Prozentpunkt, für 90°-Proben bei zweieinhalb Prozentpunkten. Entgegen der Erwartung ist nicht zu erkennen, dass die Oberflächenrauigkeit einen besonderen Effekt besitzt. Betrachtet man die rechte Spalte für die 90°-Proben, so liegen sowohl bei $\overline{\varepsilon_{max}}$ - 1 % Versagenspunkte beider Fräsparametersätze, als auch bei $\overline{\varepsilon_{max}}$ + 1 %.

Wird die Streuung der maximalen Spannung näher in Augenschein genommen, so ändert sich die Größe des Streubereichs unwesentlich mit der Faserorientierung. Hier sind temperaturbedingte Effekte zu beobachten. So erstreckt sich der Bereich der Versagenspunkte für eine Prüftemperatur von 23 °C über 6 MPa, wohingegen der Bereich bei -10 °C sich über 20 MPa erstreckt. Die Temperaturabsenkung bringt eine Streuung des Bruchverhaltens bezüglich der maximalen Spannung mit sich.

Um eine Betrachtung der mechanischen Kennwerte abhängig von der Rauigkeit zu ermöglichen, werden die Ergebnisse aller Faserorientierungen und Fräsparametersätzen pro Prüftemperatur in je einem Diagramm gezeigt. Diese Diagramme

sind in Abbildung 4.24 dargestellt. Es wird hier auf die Kennzeichnung des Fräspa-
rametersatzes verzichtet, da die gemessene maximale Rautiefe auf der Ordinate
aufgetragen ist. Auf der Abszisse ist der E-Modul (links), die maximale Spannung
(mittig) und die maximale Dehnung (rechts) aufgetragen. Die obere Reihe der Bilder repräsentiert die Ergebnisse bei Raumtemperatur, die untere Reihe bei -10 °C.

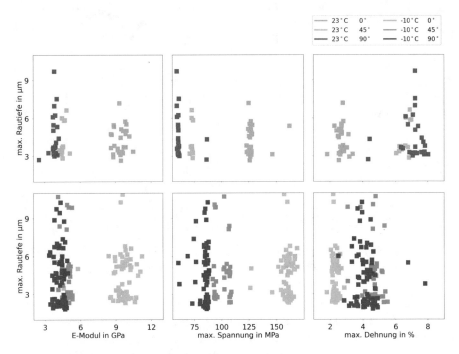

Abbildung 4.24 Korrelation der maximalen Rautiefe über den mechanischen Kennwerten E-Modul,
maximale Spannung und maximale Dehnung.

Werden die E-Moduln beider Temperaturen betrachtet ist auffällig, dass die
90°-Proben und 45°-Proben einen sehr ähnlichen E-Modul besitzen, wohingegen die
0°-Proben einen deutlich höheren E-Modul haben. Die Oberflächenrauigkeit zeigt
keinen Einfluss auf den berechneten E-Modul. Bei der Betrachtung der maximalen
Spannung beider Temperaturen fällt eine scharfe Abgrenzung winkelabhängig auf.
Zudem sind die maximalen Spannungen bei -10 °C höher als bei Raumtemperatur.
Es ist nicht zu erkennen, dass eine hohe Rauigkeit zu einer veränderten maximalen Spannung führt. Die maximale Dehnung fällt für die -10 °C-Proben wesentlich
geringer aus, als für die Proben, die bei Raumtemperatur gemessen wurden. Die 0°-
Proben separieren sich von den anderen Extraktionswinkeln für beide Prüftempera-
turen, wohingegen zwischen den 45° und 90°-Proben keine Unterschiede feststellbar
sind. Die Datenpunkte für 45° und 90°-Proben in einer überlagerten Punktewolke

zusammen. Eine hohe Rauigkeit führt nicht notwendigerweise zu einer niedrigeren maximalen Dehnung.

Für die mechanischen Kennwerte kann nicht belegt werden, dass mit einer höheren Rauigkeit ein früheres Versagen eintritt. Im Gegenteil liegt die Vermutung nahe, dass das Versagen eines Probekörpers unabhängig von dem Rauigkeitsniveau auftritt.

5 Fazit

Die Antworten der eingangs gestellten Forschungsfragen

(1) Wie kann eine hohe Orientierung der Fasern in einer spritzgegossenen Prüfplatte realisiert werden?

(2) Wie wirken sich Oberflächeneffekte am Probenrand auf die mechanischen Eigenschaften aus?

werden im vorliegenden Kapitel zusammengefasst. Die erste Frage wird in Kapitel 3 im Detail diskutiert. Dort ist die Konzeptionierung einer Prüfplatte mit hoher Faserorientierung für kurzglasfaserverstärkte Thermoplaste dargelegt. Die validierten Ergebnisse werden hier zusammengefasst wiedergegeben. In Kapitel 4 wird ausführlich auf die zweite Frage eingegangen, es sind die experimentellen Untersuchungen der Oberflächenrauigkeit und des mechanischen Verhaltens beschrieben und diskutiert. Die Schlussfolgerung der vorgestellten Versuche wird an dieser Stelle resümiert. Abschließend wird ein Ausblick zu weiterführenden Ansätzen gegeben.

Die englische Übersetzung der Zusammenfassung findet sich in Abschnitt 5.2, die französische Übersetzung in Abschnitt 5.3.

5.1 Zusammenfassung und Ausblick

Spritzgegossene Bauteile finden sich in vielen technischen Anwendungen. Ein optimiertes mechanisches Verhalten erhält man durch die Zugabe von Verstärkungsfasern. Diese Zugabe bewirkt anisotropes Materialverhalten, zu dessen Beschreibung in Simulationsanwendungen richtungsabhängige Kennwerte nötig sind. Für die Aufnahme dieser Kennwerte sind experimentelle Untersuchungen mit speziellen Prüfplatten unumgänglich. Der Mangel an adäquaten Prüfplatten führt zur ersten Forschungsfrage, die sich mit der Konzeptionierung einer hochorientierten Prüfplatte und der daraus resultierenden Spritzgusswerkzeugauslegung beschäftigt. Dafür werden Anforderungen an die Platte gestellt. Diese umfassen einen hohen Faserorientierungsrad, der durch eine hohe Scherrate der Schmelze erreicht wird. Es wird sich zu Nutze gemacht, dass sich im Herstellungsprozess mittels Spritzguss die Fasern auf Grund von rheologischen Effekten orientieren. Eine ausreichende Breite der Platte zur winkelunabhängigen Entnahme von Probekörpern sowie die Möglichkeit, die Platte auf einer Standard-Spritzgussmaschine zu fertigen sind ebenfalls gefordert.

Unterschiedliche Konzepte werden vorgestellt. Es werden Ansätze mit veränderlichem Kavitätsvolumen besprochen, dies beinhaltet sowohl die Vergrößerung, als auch die Verringerung des Innenraums der Kavität. Über eine rheologische Optimierung wird bei konstantem Kavitätsvolumen eine hohe Faserorientierung prognostiziert. Exotische Konzepte, wie die schwingungsinduzierte Orientierung der Verstärkungsfasern, das Zusammenfügen von hochorientierten Bereichen aus Standardplatten und die Herstellung über Push-Pull-Injection-Molding werden ebenfalls thematisiert. Die Bewertung der Konzepte erfolgt in Anlehnung an das methodische Vorgehen der technisch-wirtschaftlichen Bewertung aus VDI 2225. Das Konzept des rheologischen Optimierens erweist sich als am besten geeignet. Hierfür wird eine bestehende Geometrie weiterentwickelt.

Die Auswirkung unterschiedlich angepasster geometrischer Ausprägungen auf die resultierende Faserorientierung wird über eine Spritzgusssimulation in der Software Moldflow analysiert. Darauf aufbauend werden die Geometrie-Größen festgelegt und eine entsprechende Kavität für ein Spritzgusswerkzeug gebaut. Der Prüfbereich besitzt eine Länge von 80 mm und eine Breite von 40 mm. Dies ist ausreichend, um Proben extraktionswinkelunabhängig fertigen zu können. Mit zwei Materialien, ein Polybuthylenephthalat (PBT) und ein Polyamide 6.6 (PA), beide mit 30 Gewichtsprozent Kurzglasfasern (GF 30) verstärkt, werden Platten hergestellt und die Faserorientierung experimentell bestimmt. Es kann nachgewiesen werden, dass die Faserorientierung über die Dicke der Platte homogen und hoch ist. Mikrocomputertomographische Analysen der neuartigen Prüfplatte zeigen, dass ein Faserorientierungsgrad von durchschnittlich 85.1 % erreicht wird. Auch an außermittigen Positionen liegt dieser Zustand vor.

Wie sich Oberflächeneffekte am Probenrand auf die mechanischen Eigenschaften auswirken, wird anschließend diskutiert und entsprechend die zweite Forschungsfrage thematisiert. Der Herstellungsprozess der hochorientierten Prüfplatten im Spritzgussverfahren ist näher erläutert. Es werden zwei Materialien eingesetzt: ein PBT GF 30 und ein PA GF 30. Der Präparationsprozess mittels Fräsen wird einer genaueren Analyse unterzogen. Hierbei wird der Fräserrundlauf auf Exzentrizität geprüft und festgestellt, dass eine leichte Exzentrizität besteht, diese aber nicht im Rauigkeitssignal festgestellt werden kann. Der Fräsprozess wird zudem einer Temperaturanalyse unterzogen. Mit einer Wärmebildkamera werden Bilder aufgenommen und detektiert, dass die vorherrschende Temperatur während des Fräsprozesses unterhalb der Schmelztemperatur des Matrixmaterials liegt. Dass die Wärmezufuhr über die mechanische Bearbeitung dennoch einen Einfluss auf die Materialstruktur hat, steht weiterhin zur Diskussion und sollte in weiterführenden Arbeiten betrachtet werden. Abschließend werden in einer umfassenden Studie die Fräsparameter und deren Einfluss auf die Oberflächenrauigkeit untersucht. Es werden die Drehzahl und die Vorschubgeschwindigkeit variiert und zwei Fräsparametersätze ausgewählt, die im weiteren Verlauf dazu dienen, eine Standardoberfläche und eine raue Oberfläche zu erzeugen. Es werden Proben unter sechs verschiedenen Extraktionswinkeln entnommen. Für die Herstellung der Proben wird ein neuer Fräser eingesetzt. Nach dem Fräsvorgang werden die Schneiden des Fräsers einer Sichtprüfung mit fünffacher Vergrößerung unterzogen. Es können keine Defekte detektiert werden. Ab welcher kritischen Einsatzdauer erste Schädigungen der Schnittkante nachzuweisen sind, gilt es in weiterführenden Untersuchungen näher zu betrachten.

Mit mikroskopischen Aufnahmen wird die bearbeitete Oberfläche näher betrachtet. Den spezifischen Höhenprofilen aus der Topographiemessung können optische Aufnahmen aus dem Lichtmikroskop zugeordnet werden. Es ist möglich, den optischen Eindruck mit den gemessenen Profilhöhen zu korrelieren. Die optische Erscheinung des Verbundmaterials aus Faser und Matrix ist unabhängig vom Fräsparametersatz, die Faserorientierung spiegelt sich in den Bildern klar wieder.

In einer gesonderten Studie wird auf den Einfluss der Oberflächenrauigkeit auf das mechanische Verhalten eingegangen. Es wird das Verhältnis von bearbeiteter Oberfläche zu spritzgegossener Oberfläche variiert. Hierfür werden Proben mit einer Breite von 2, 4, 6, 8, 12, 18 und 24 mm, deren Dicke je 2 mm ist, hergestellt. Zusammenfassend lässt sich sagen, dass die Rauigkeit von extrem schmalen Proben überdurchschnittlich hoch ist. Dies kann auf den Fräsprozess zurückgeführt werden, da speziell diese Proben technische Herausforderungen mit sich bringen. Diese Proben sind so schmal, dass beim Fräsen einer der beiden Niederhalter umgespannt werden muss. Es ist davon auszugehen, dass dieses Umspannen, und der damit einhergehende systematische Unterschied des Herstellungsverfahrens zu den anderen Probenbreiten, verantwortlich für die Rauigkeitsunterschiede ist. Resultierende Eigenschwingungen sollten beispielsweise über akustische Messungen in weiterführenden Studien betrachtet werden. Der E-Modul sowie die Zugfestigkeit scheinen über die unterschiedlichen Probenbreiten hin konstant zu sein, wohingegen die Bruchdehnung mit steigender Probenbreite abnimmt. Die Auswertung der Struktursimulation lässt den Schluss zu, dass für die Ausgangsgeometrie des Zugstabs im probenparallelen Bereich eine hinreichende Uniaxialität vorliegt. Für die schmalsten Proben mit 2 mm Breite ist dies ebenfalls gegeben. Für die breitesten Proben mit einer Breite von 24 mm im probenparallelen Bereich ist eine verminderte Uniaxialität prognostiziert worden. Es folgt der Schluss, dass diese Geometrie zur Ermittlung von Materialdaten nicht geeignet ist, wohl aber in dieser Studie weiterhin berücksichtigt werden kann.

Ein Vergleich von zweidimensionalen und dreidimensionalen Oberflächenscans zeigt, dass 2D Scans die Oberflächenrauigkeit hinreichend abbilden. Die Betrachtung des arithmetischen Mittenrauwerts und der maximalen Rautiefe legt dar, dass mit steigendem Extraktionswinkel die Oberflächen-Kennwerte mehr streuen. Bezüglich der Oberflächenrauigkeit kann gesagt werden, dass mit den ausgewählten Fräsparametersätzen zwei Rauigkeitsniveaus hergestellt werden können.

Die Zugprüfung bei Raumtemperatur ergab eine starke Abhängigkeit der vorliegenden Faserorientierung. Es werden Zugprüfungen in zwei unterschiedlichen Laboren bei Raumtemperatur durchgeführt. Die Ergebnisse der Zugprüfungen aus den zwei Laboren unterscheiden sich im Detail leicht voneinander. Bei Raumtemperatur kann kein Einfluss der Oberflächenrauigkeit auf die mechanischen Eigenschaften festgestellt werden. Daher werden die Versuche bei niedrigerer Temperatur wiederholt. Anlass hierfür gibt die Materialversprödung des Matrixmaterials bei tieferen Temperaturen. Die Materialversprödung führt auch zu einem erhöhten Einfluss von Kerben auf die mechanischen Eigenschaften durch schnelleres Versagen. Auf Grund der leichten Differenzen zwischen den Ergebnissen der zwei Labore werden nur Ergebnisse eines Labors untereinander verglichen. Auch diese Versuchsergebnisse zeigen keine Abhängigkeit der mechanischen Eigenschaften von der Oberflächenrauigkeit.

Die Versuchsergebnisse werden als Korrelationsgrafik dargestellt. Zuerst werden die Versagenspunkte der Einzelmessungen in einem Spannungs-Dehnungs-Diagramm gezeigt. Durch die Absenkung der Temperatur streuen die maximalen Spannungen stärker. In Bezug auf die Streuung der maximalen Dehnung ist keine Temperaturabhängigkeit zu beobachten. Allerdings streuen die Versuchsergebnisse bei 90° Extraktionswinkel wesentlich mehr, als bei 0° und 45°. Die Rauigkeitswerte werden über dem E-Modul, der maximalen Spannung und der maximalen Dehnung dargestellt. Dass mit höherer Oberflächenrauigkeit eine größere Streuung der mechanischen Kennwerte vorliegt, kann nicht gezeigt werden. Somit kann zusammengefasst werden, dass die Oberflächeneffekte am Probenrand sich in den vorliegenden Experimenten nicht auf die mechanischen Eigenschaften auswirken. Es folgt der Schluss, dass die mechanischen Kennwerte unempfindlich auf die Fräsparameter reagieren. Die Probenpräparation über Fräsen ist geeignet und es muss nicht auf andere Verfahren zurückgegriffen werden.

Die Validierung der entwickelten Prüfgeometrie zeigt eine hohe Faserorientierung. Eine weitere Optimierung der Geometrie mit Hilfe von Künstlicher Intelligenz liegt nahe und bietet eine weitreichende Ergänzungsmethode zu herkömmlichen Optimierungsansätzen. Dies könnte für die zukünftige Spritzguss-Werkzeugentwicklungen von großer Bedeutung sein. Ansatz für weiterführende Forschung bietet zudem die detailliertere Betrachtung der mechanischen Schädigung des Polymers in der bearbeiteten Randzone. Eine Untersuchung der Anhaftung zwischen Faser und Matrix abhängig der Belastungsrichtung ist an dieser Stelle hervorzuheben, denn die aus dem Extraktionswinkel resultierende Faserorientierung im Probekörper ruft verschiedene Belastungsarten in dieser Verbindungsstelle hervor.

5.2 Summary and Outlook

The answers to the research questions posed at the introduction

(1) How can highly oriented fiber orientation be realized in an injection molded test plate?

(2) How do surface effects at the specimens edge affect mechanical properties?

are summarized in this chapter.

Injection molded components are found in many technical applications. Optimized mechanical behavior is obtained by adding reinforcing fibers. This addition causes anisotropic material behavior, for which description of direction-dependent characteristic values are necessary in simulation applications. Experimental investigations with special test plates are indispensable for recording these characteristic values. The lack of adequate test plates leads to the first research question, which deals with the conceptual design of a highly oriented test plate and the resulting injection mold design. To this end, requirements are placed on the plate. These include a high fiber orientation, which is achieved by a high shear rate of the melt. Advantage is taken of the fact that in the manufacturing process using injection molding, the fibers orient themselves due to rheological effects. A sufficient width of the plate for angle-independent extraction of test specimens as well as the possibility to injection mold the plate on a standard injection molding machine are also required.

A wide variety of concepts will be presented. Approaches with variable cavity volume are discussed, including both increasing and decreasing internal space of the cavity. High fiber orientation is predicted via rheological optimization at constant cavity volume. Exotic concepts, such as shaking the part as long as the reinforcing fibers are orientated caused by the vibration, joining highly oriented regions from standard plates, and manufacturing via push-pull injection molding are also addressed. The evaluation of the concepts is based on the methodical procedure of the technical-economic evaluation VDI 2225. The highest score is given to the concept of rheological optimization. For this purpose, an existing geometry is further developed.

The effect of differently adapted geometric characteristics on the resulting fiber orientation is analyzed via injection molding simulation in MoldFlow. Based on this, the geometry sizes are determined and a corresponding cavity for an injection mold is built. The test area has a length of 80 mm and a width of 40 mm. This is sufficient to allow specimens to be angle-independently extracted. Plates are made and the fiber orientation is determined experimentally, using two materials, polybutylene terephthalate (PBT) and polyamide 6.6 (PA), both reinforced with 30 wt-% short glass fibers (GF 30). It can be demonstrated that the fiber orientation is homogeneous and high across the entire thickness of the plate. This condition also exists at off-center positions.

How do surface effects at the specimen edge affect the mechanical properties is then discussed and accordingly the second research question is addressed.

The manufacturing process of the highly oriented test plates by injection molding is explained in more detail. Two materials are used: a PBT GF 30 and a PA GF 30. The preparation process by milling is subjected to a more detailed analysis. Here, the milling cutter runout is checked for eccentricity and it is found that there is a slight eccentricity, but it cannot be detected in the roughness signal. The milling process is also subjected to temperature analysis. Images are taken with a thermal imaging camera and it is detected that the prevailing temperature during the milling process is below the melting temperature of the matrix material. The fact that the heat input via mechanical processing nevertheless has an influence on the material structure is still open to discussion and should be considered in further work. Finally, the milling parameters and their influence on the surface roughness are investigated in a comprehensive study. The rotational speed and feed rate vary and two sets of milling parameters are selected, which are further used to produce a standard surface and a rough surface. Samples are taken at six different extraction angles. A new milling cutter is used to produce the specimens. After the milling process, the cutting edges of the cutter are subjected to visual inspection with fivefold magnification. No defects were detected. The critical period of use at which the first damage to the cutting edge was detected must be examined in more detail in further investigations.

Microscopic images are used to take a closer look at the machined surface. Optical images from the light microscope can be assigned to the specific height profiles from the topography measurement. It is possible to correlate the optical impression with the measured profile heights. The optical appearance of the composite of fiber and matrix is independent of the set of milling parameters, and the angle of exctraction is clearly reflected in the images.

In a separate study, the influence of surface roughness on mechanical behavior is addressed. The ratio of machined surface to injection molded surface varies. For this purpose, specimens with width of 2, 4, 6, 8, 12, 18, and 24 mm, and thickness of 2 mm, are prepared. In summary, the roughness of narrow specimens is higher than average. This can be attributed to the milling process, as these specimens in particular present technical challenges. These specimens are so narrow that one of the two hold-down devices must be reclamped during milling. It can be assumed that this reclamping, and the associated systematic difference of the manufacturing process to the other specimen widths, is responsible for the difference in roughness. The resulting natural vibrations should be considered, for example, via acoustic measurements in further studies. The Young's modulus as well as the tensile strength seem to be constant over the different specimen widths, whereas the elongation at break decreases with increasing specimen widths. The evaluation of the structural simulation suggests that sufficient uniaxiality exists for the initial geometry of the tension rod in the specimen-parallel region. For the narrowest specimens with a width of 2 mm, this is also given. For the widest specimens with a width of 24 mm in the specimen-parallel region, reduced uniaxiality has been predicted. It follows that this geometry is not suitable for obtaining material data, but can probably still be considered in this study.

A comparison of 2D and 3D surface scans shows that 2D scans adequately describe surface roughness. Considering the arithmetic mean roughness value and the maximum roughness depth, the surface characteristics are more scattered as the extraction angle increases. Regarding the surface roughness, it can be said that two roughness levels can be produced with the selected milling parameter sets.

Tensile testing at room temperature showed a strong dependence of the present fiber orientation. Tensile tests are performed in two different laboratories at room temperature. The results of the tensile tests from the two laboratories differ slightly in detail. At room temperature, no effect of surface roughness on mechanical properties can be detected. Therefore, the tests are repeated at lower temperature, for the material embrittlement of the matrix material. The material embrittlement also leads to an increased influence of notches on the mechanical properties due to faster failure. Due to the slight differences between the results of the two laboratories, only results of one laboratory are compared with each other. These test results also show no dependence of mechanical properties on surface roughness.

The test results are presented as a correlation graph. First, the failure points of the individual measurements are shown in a stress-strain diagram. By lowering the temperature, the maximum stresses scatter more. With respect to the scatter of the maximum strain, no temperature dependence is observed, however, the test results scatter much more at 90° extraction angle than at 0° and 45°. The roughness values are plotted against Young's modulus, maximum stress and maximum strain. It cannot be shown that there is a larger scatter in the mechanical properties with higher surface roughness. Thus, it can be summarized that the surface effects at the specimen edge do not affect the mechanical properties in the present experiments. Specimen preparation via milling is suitable and there is no need to resort to other methods.

The validation of the developed test geometry shows a high fiber orientation. Further optimization of the geometry using artificial intelligence is obvious and offers a far-reaching complementary method to conventional optimization approaches. This could be of great importance for future injection molding tool developments. Approach for further research offers the more detailed consideration of the mechanical damage of the polymer in the machined edge zone. An investigation of the adhesion between fiber and matrix, depending on the loading direction, should be emphasized at this point because the fiber orientation in the specimen resulting from the extraction angle causes a different loading of these joints.

5.3 Résumé et Perspectives

Les réponses aux questions de recherche posées dans l'introduction sont résumées dans ce chapitre.

(1) Comment réaliser une orientation des fibres hautement orientées dans une plaque d'essai moulée par injection?

(2) Comment les effets de surface au bord des éprouvettes affectent-ils les propriétés mécaniques?

Les composants moulés par injection sont utilisés dans de nombreuses applications techniques. L'ajout de fibres de renforcement permet d'obtenir un comportement mécanique optimisé. Cet ajout donne un comportement anisotrope au matériau, pour lequel la description des valeurs caractéristiques, dépendant de la direction, est nécessaire dans les applications de simulation. Pour enregistrer ces valeurs caractéristiques, des études expérimentales avec des plaques d'essai spéciales sont indispensables. Le manque de plaques d'essai adéquates a permis de répondre à la première question de recherche, portant sur la conception d'une plaque d'essai hautement orientée et la conception du moule d'injection qui en résulte. Pour cela, des critères ont été imposés à la plaque. Celle-ci doit contenir une haute orientation des fibres, qui est obtenue par un fort taux de cisaillement de la matière fondue. Un avantage important à relever est que lors du processus de fabrication par moulage par injection, les fibres s'orientent grâce à des effets rhéologiques. La plaque doit avoir une largeur suffisante afin de pouvoir déterminer son angle d'extraction et la plaque doit aussi être moulée sur un moule à injection standard.

Un grand éventail de concepts est présenté dans ce manuscrit. Tout d'abord, les approches concernant le volume de cavité variable sont abordées. Elles comprennent aussi bien l'augmentation et la diminution de l'espace interne de la cavité. Une optimisation rhéologique a permis de prédire une haute orientation des fibres à un volume de cavité constant. Des concepts originaux tels que l'orientation des fibres de renforcement par à-coups, l'assemblage de régions hautement orientées à partir de plaques standard et la fabrication par injection-moulage push-pull sont également discutées. L'évaluation des concepts est basée sur la procédure méthodique de l'évaluation technico-économique VDI 2225. Le score le plus élevé a été attribué au concept d'optimisation rhéologique. Pour cela, une géométrie a été développée.

L'effet de différentes caractéristiques géométriques adaptées sur l'orientation résultante des fibres a été analysé par une simulation de moulage par injection à l'aide du logiciel MoldFlow. Sur la base de cette étude, les tailles de la géométrie ont été déterminées et une cavité correspondante pour un moule d'injection a été construite. La zone d'essai a une longueur de 80 mm et une largeur de 40 mm. Ces caractéristiques ont été suffisantes pour extraire des échantillons l'angle d'extraction. Des plaques ont été fabriquées avec deux matériaux, un polybutylène téréphtalate

(PBT) et un polyamide 6.6 (PA), tous deux renforcés avec 30 % en poids de fibres de verre courtes (GF 30). L'orientation des fibres a été déterminée expérimentalement. Il a été démontré que l'orientation des fibres est homogène et importante sur l'épaisseur de la plaque. Cette condition est également valable dans les positions excentrées.

Ensuite, la répercussion des effets de surface sur le bord de l'échantillon sur les propriétés mécaniques est discutée, ce qui permet ainsi de traiter et de répondre à la deuxième question de recherche.

Le processus de fabrication des plaques d'essai hautement orientées par moulage par injection est davantage détaillé. Deux matériaux ont été utilisés : un PBT GF 30 et un PA GF 30. Le processus de préparation par fraisage est analysé de manière plus approfondie. L'excentricité du parcours de la fraiseuse a été contrôlée et il a été constaté qu'il existe une légère excentricité, mais que celle-ci ne peut pas être détectée dans le signal de rugosité. Le processus de fraisage a été également soumis à une analyse thermique. Des images ont été prises avec une caméra thermique et il a été détecté que la température dominante lors du processus de fraisage était inférieure à la température de fusion du matériau de la matrice. Néanmoins, l'apport de chaleur induit par l'usinage mécanique a tout de même une influence sur la structure du matériau, il pourrait donc être éventuellement considéré dans de futurs travaux. Enfin, une étude complète a permis d'étudier les paramètres de fraisage et leur influence sur la rugosité de surface. La vitesse de rotation et la vitesse d'avancement ont été variées. Deux jeux de paramètres de fraisage, servant par la suite à produire une surface standard et rugueuse, ont été sélectionnés. Des échantillons ont été prélevés à six angles d'extraction différents. Une nouvelle fraise a été utilisée pour produire des échantillons. Après le processus de fraisage, les arêtes de coupe de la fraise ont été observées par microscopie avec un gros grossissement (x5). Aucun défaut n'a été détecté. Dans le cadre d'études complémentaires, la période critique d'utilisation, à laquelle les premiers dégâts sur le tranchant peuvent être détectés, pourrait être étudiée.

La surface usinée a aussi été observée de plus près avec des images microscopiques. Les images optiques du microscope à la lumière ont pu être associées aux profils de hauteur spécifique, obtenus par mesure topographique. Il a donc été possible de corréler l'impression optique avec les hauteurs de profil mesurées. L'aspect optique du composite, composé de fibres et d'une matrice, est donc indépendant des paramètres de fraisage. L'angle d'extraction se reflète clairement dans les images.

Dans une autre étude, l'influence de la rugosité de surface sur le comportement mécanique a été évalué. Le rapport entre la surface usinée et la surface moulée par injection ont été variés. Pour cela, des échantillons ayant une largeur de 2, 4, 6, 8, 9 10 12, 18 et 24 mm, et une épaisseur de 2 mm chacun, ont été préparés. Au niveau des résultats, la rugosité des échantillons étroits est supérieure à la moyenne. Cette observation peut être attribuée au processus de fraisage, car ces échantillons présentent, en particulier, des défis techniques. Ces échantillons sont si étroits que l'un des deux serre-flans a dû être réajusté lors du fraisage. Cela suppose que ce changement de serrage et la différence systématique du procédé de fabrication par rapport aux autres largeurs d'échantillons, sont responsables des différences de rugosité. Les vibrations naturelles qui en résultent pourraient être examinées, dans le cadre d'études plus approfondies, par exemple en effectuant des mesures acoustiques. Le module d'élasticité (module d'Young) et la résistance à la traction semblent être constants sur les différentes largeurs d'échantillon, alors que l'allongement à la rupture, lui, diminue avec l'augmentation de la largeur de l'échantillon. L'évaluation de la simulation structurelle a permis de conclure qu'il existe une uniaxialité suffisante pour la géométrie initiale du tirant dans la zone parallèle à l'éprouvette. Cela est également le cas pour les échantillons les plus étroits, d'une largeur de 2 mm. Pour les éprouvettes les plus larges, d'une largeur de 24 mm dans la zone parallèle à l'éprouvette, une uniaxialité réduite a été prise en compte. Pour conclure, cette géométrie ne convient pas pour l'obtention de données sur les matériaux, mais elle peut être prise en compte dans cette étude.

Une comparaison des balayages de surface 2D et 3D a permis de montrer que les balayages 2D décrivent parfaitement la rugosité de la surface. La valeur moyenne arithmétique de la rugosité et de la profondeur maximale de la rugosité ont permis de montrer que les caractéristiques de la surface sont plus dispersées lorsque l'angle d'extraction est grand. Pour la rugosité de surface, deux niveaux de rugosité ont pu être obtenus grâce aux paramètres de fraisage choisis.

Les essais de traction à température ambiante ont révélé une forte dépendance de l'orientation des fibres présentes. Les essais de traction ont été réalisés dans deux laboratoires différents à température ambiante. Les résultats des essais de traction effectués dans les deux laboratoires diffèrent légèrement. A température ambiante, aucun effet de la rugosité de la surface sur les propriétés mécaniques n'a pu être constaté. Ainsi, les essais ont été répétés à une température plus basse. La fragilisation du matériau de la matrice à basse température en est à l'origine. La fragilisation du matériau a aussi entraîné une augmentation des entailles sur les propriétés mécaniques en raison d'une rupture plus rapide. A cause de légères différences entre les résultats obtenus dans les deux laboratoires, seuls les résultats d'un laboratoire ont été pris en compte et comparés entre eux. Ces résultats n'ont pas montré de dépendance des propriétés mécaniques à la rugosité de surface.

Les résultats des essais sont présentés sous forme de graphique de corrélation. Les points de défaillance des mesures individuelles sont d'abord représentés dans un diagramme contrainte-déformation. En abaissant la température, les tensions maximales se sont davantage dispersées. Pour la dispersion de l'allongement maximal, aucune dépendance à la température n'a été observée. Cependant, les résultats des essais sont beaucoup plus dispersés à un angle d'extraction de 90° qu'à 0° et 45°. Les valeurs de rugosité sont tracées en fonction du module d'élasticité, de la contrainte maximale et de l'allongement maximal. Il n'a pas été possible de démontrer que la dispersion des propriétés mécaniques était plus importante lorsque la rugosité de surface était plus élevée. Pour conclure, d'après les expériences réalisées, les effets de surface sur le bord de l'éprouvette n'ont pas affecté les propriétés mécaniques. La préparation des échantillons par fraisage semble être adéquat, ce qui permet d'éviter de recourir à d'autres méthodes.

La validation de la géométrie d'essai développée montre une orientation élevée des fibres. Une optimisation plus poussée de la géométrie à l'aide de l'intelligence artificielle est évidente et offre une méthode complémentaire de grande portée par rapport aux approches d'optimisation conventionnelles. Cela pourrait être d'une grande importance pour les futurs développements d'outils de moulage par injection. Une analyse plus détaillée de l'endommagement mécanique du polymère dans la zone de bord usiné pourrait faire l'objet de futures recherches. Une étude de l'adhésion entre la fibre et la matrice en fonction de la direction de la charge doit être soulignée ici, car l'orientation des fibres dans l'échantillon, résultant de l'angle d'extraction, provoque un chargement différent sur ces points de jonction.

Literatur

[1] S. Adamczak und P. Zmarzły. »Research of the influence of the 2D and 3D surface roughness parameters of bearing raceways on the vibration level«. In: *Journal of Physics: Conference Series* 1183 (2019), S. 012001.

[2] S. G. Advani und C. L. Tucker. »The Use of Tensors to Describe and Predict Fiber Orientation in Short Fiber Composites«. In: *Journal of Rheology* 31.8 (1987), S. 751–784.

[3] J. Amberg. »Ermittlung temperaturabhängiger anisotroper Stoffwerte für die Spritzgießsimulation«. In: *AiF Research Report 13220 N, Deutsches Kunststoff-Institut DKI, Darmstadt* (2004).

[4] V. Athiyamaan und G. Mohan Ganesh. »Experimental, statistical and simulation analysis on impact of micro steel - Fibres in reinforced SCC containing admixtures«. In: *CONSTRUCTION AND BUILDING MATERIALS* 246 (2020).

[5] T. Augspurger u. a. »Experimental study of the connection between process parameters, thermo-mechanical loads and surface integrity in machining Inconel 718«. In: *Procedia CIRP* 87 (2020), S. 59–64.

[6] L. H. Baeckeland. »: Bakelit, ein neues synthetisches Harz«. In: *Chemiker-Zeitung* 33 (1909), S. 317–318.

[7] BASF. *Datenblatt - Ultradur B 4300 G6 - PBT GF 30.* Hrsg. von www.campusplastics.com.

[8] BASF. *Datenblatt - Ultramid A3WG6 - PA66 GF 30.* Hrsg. von www.campusplastics.com.

[9] C. Becke. »Prozesskraftrichtungsangepasste Frässtrategien zur schädigungsarmen Bohrungsbearbeitung an faserverstärkten Kunststoffen«. Dissertation. Kahrlsruhe: Kahrlsruher Institut für Technologie, 2011.

[10] F. Becker. »Entwicklung einer Beschreibungsmethodik für das mechanische Verhalten unverstärkter Thermoplaste bei hohen Deformationsgeschwindigkeiten«. Dissertation. Halle-Wittenberg: Martin-Luther Universität, 2009.

[11] A. Bernasconi u. a. »Effect of fibre orientation on the fatigue behaviour of a short glass fibre reinforced polyamide-6«. In: *International Journal of Fatigue* 29.2 (2007), S. 199–208.

[12] M. Bonnet. *Kunststofftechnik.* Wiesbaden: Springer Fachmedien Wiesbaden, 2014.

[13] D. Braun u. a. *Polymer Synthesis: Theory and Practice.* Berlin, Heidelberg: Springer Berlin Heidelberg, 2013.

[14] E. Brinksmeier u. a. »Process Signatures - The Missing Link to Predict Surface Integrity in Machining«. In: *Procedia CIRP* 71 (2018), S. 3–10.

[15] Bundesministerium der Justiz. *Bundes-Klimaschutzgesetz: KSG.* 2019.

[16] C. W. Camacho und C. L. Tucker. »Stiffness and thermal expansion predictions for hybrid short fiber composites«. In: *Polymer Composits vol. 11 Nr. 4* (1990), S. 229–239.

[17] S. H. P. Cavalaro u. a. »Improved assessment of fibre content and orientation with inductive method in SFRC«. In: *MATERIALS AND STRUCTURES* 48.6 (2015), S. 1859–1873.

[18] F. Cepero-Mejías u. a. »Review of recent developments and induced damage assessment in the modelling of the machining of long fibre reinforced polymer composites«. In: *Composite Structures* 240 (2020), S. 112006.

[19] C. Chen u. a. »Rate-dependent tensile failure behavior of short fiber reinforced PEEK«. In: *Composites Part B: Engineering* 136 (2018), S. 187–196.

[20] A. Codolini, Q. M. Li und A. Wilkinson. »Influence of machining process on the mechanical behaviour of injection-moulded specimens of talc-filled Polypropylene«. In: *Polymer Testing* 62 (2017), S. 342–347.

[21] H. Czichos, B. Skrotzki und F.-G. Simon. *Das Ingenieurwissen: Werkstoffe.* Berlin, Heidelberg: Springer Berlin Heidelberg, 2014.

[22] D20 Committee. *D638 - 14: Standard Test Method for Tensile Properties of Plastics.* West Conshohocken, PA.

[23] R. Deeb, S. Kulasegaram und B. L. Karihaloo. »3D modelling of the flow of self-compacting concrete with or without steel fibres. Part I: slump flow test«. In: *COMPUTATIONAL PARTICLE MECHANICS* 1.4 (2014), S. 373–389.

[24] L. Deleanu, C. Suciu und C. Georgescu. »A comparison between 2D and 3D surface parameters for evaluating the quality of surfaces«. In: *The annales of §Dunarea de Jos" University of Galati Fascicle V, Technologies in Machine Building* (2015), S. 5–12.

[25] F. Dillenberger. *On the Anisotropic Plastic Behaviour of Short Fibre Reinforced Thermoplastics and Its Description by Phenomenological Material Modelling.* Bd. v.53. Mechanik, Werkstoffe und Konstruktion Im Bauwesen Ser. Wiesbaden: Springer Fachmedien Wiesbaden GmbH, 2020.

[26] DIN Deutsches Institut für Normung e.V. *DIN 8580: 2003-09, Fertigungs-verfahren - Begriffe, Einteilung.* Berlin, 2003.

[27] DIN Deutsches Institut für Normung e.V. *DIN EN ISO 2818 - 2019: Kunst-stoffe - Herstellung von Probekörpern durch mechanische Bearbeitung.* 2019.

[28] DIN Deutsches Institut für Normung e.V. *DIN EN ISO 3167 - 2014: Kunst-stoffe - Vielzweckprobekörper.* 2014.

[29] DIN Deutsches Institut für Normung e.V. *DIN EN ISO 527 - 2010: Kunst-stoffe - Bestimmung der Zugeigenschaften.* 2010.

[30] H. Domininghaus u. a. *Kunststoffe: Eigenschaften und Anwendungen.* 7., neu bearb. und erw. Aufl. VDI-Buch. Berlin und Heidelberg: Springer, 2008.

[31] M. Drvoderic. »Probeneinflüsse bei der mechanischen Prüfung von Compo-sites«. Diss. Leoben: Kunststofftechnik, 2011.

[32] L. Ehle u. a. »Electron Microscopic Characterization of Mechanically Mo-dified Surface Layers of Deep Rolled Steel«. In: *Procedia CIRP* 45 (2016), S. 367–370.

[33] G. W. Ehrenstein. *Polymer-Werkstoffe: Struktur - Eigenschaften - Anwen-dung.* 2., völlig überarb. Aufl. Studientexte Kunststofftechnik. München und Wien: Hanser, 1999.

[34] R. G. El-Helou u. a. »Triaxial Constitutive Law for Ultra-High-Performance Concrete and Other Fiber-Reinforced Cementitious Materials«. In: *JOUR-NAL OF ENGINEERING MECHANICS* 146.7 (2020).

[35] Ensinger. *Zerspanungsempfehlungen für Halbzeuge aus technischen Kunst-stoffen.* 2013.

[36] E. Eriksen. »Influence from production parameters on the surface rough-ness of a machined short fibre reinforced thermoplastic«. In: *International Journal of Machine Tools and Manufacture* 1999.39 (1999), S. 1611–1618.

[37] E. Eriksen. »The influence of surface roughness on the mechanical strength properties of machined short-fibre-reinforced thermoplastics«. In: *Composi-tes Science and Technology* 2000.60 (2000), S. 107–113.

[38] Europäische Kommission. *Verordnung des Europäischen Parlaments und des Rates zur Schaffung des Rahmens für die Verwirklichung der Klimaneutra-lität und zur Änderung der Verordnung (EU) 2018/1999 (Europäisches Kli-magesetz).* 2020.

[39] F. Ferrano, A. Lipka und M. Stommel. »Der Einfluss von Prozessparametern auf das mechanische Verhalten kurzfaserverstärkter Kunststoffbauteile in Lenksystemen«. In: *Journal of Plastics Technology* 4.11 (2015), S. 272–304.

[40] L. Ferrara, N. Ozyurt und M. Di Prisco. »High mechanical performance of fibre reinforced cementitious composites: the role of "casting-flow induced" fibre orientation«. In: *MATERIALS AND STRUCTURES* 44.1 (2011), S. 109–128.

[41] G. Fischer und P. Eyerer. »Measuring spatial orientation of short fiber reinforced thermoplastics by image analysis«. In: *Polymer Composites* vol 9, no. 4 (1988), S. 297–304.

[42] G. Fischer u. a. »Measuring spatial fiber orientation—A method for quality control of fiber reinforced plastics«. In: *Advances in Polymer Technology* 10.2 (1990), S. 135–141.

[43] F. Folgar und C. L. Tucker. »Orientation Behavior of Fibers in Concentrated Suspensions«. In: *Journal of Reinforces Plastics and Composites vol. 3* (1984).

[44] F. Frerichs u. a. »A Simulation Based Development of Process Signatures for Manufacturing Processes with Thermal Loads«. In: *Procedia CIRP* 45 (2016), S. 327–330.

[45] S.-Y Fu u. a. »Tensile properties of short-glass-fiber- and short-carbon-fiber-reinforced polypropylene composites«. In: *Composites Part A: Applied Science and Manufacturing* 31.10 (2000), S. 1117–1125.

[46] L. Fuhr, R. Buschmann und J. Freund. *Plastikatlas: Daten und Fakten über eine Welt voller Kunststoff*. 2. Aufl. Berlin: Heinrich-Böll-Stiftung, 2019.

[47] E. S. Gadelmawla u. a. »Roughness parameters«. In: *Journal of Materials Processing Technology* 123.1 (2002), S. 133–145.

[48] R. Gloeckner, S. Kolling und C. Heiliger. »A Monte-Carlo Algorithm for 3D Fibre Detection from Microcomputer Tomography«. In: *Journal of Computational Engineering* 2016 (2016), S. 1–9.

[49] A. Gómez-Parra u. a. »Study of the Influence of Cutting Parameters on the Ultimate Tensile Strength (UTS) of UNS A92024 Alloy Dry Turned Bars«. In: *Procedia Engineering* 63 (2013), S. 796–803.

[50] A. M. Hartl, M. Jerabek und R. W. Lang. »Effect of fiber orientation, stress state and notch radius on the impact properties of short glass fiber reinforced polypropylene«. In: *Polymer Testing* 43 (2015), S. 1–9.

[51] C. Hauck und G. Brouwers. »Faserverstärkte Spritzguss-Bauteile optimal auslegen : Neues Werkstoffgesetz ermöglicht Berücksichtigung der Faserorientierung«. In: *Kunststoffe* 82 (1992), S. 586–590.

[52] R. P. Hegler. »Struktur und mechanische Eigenschaften glaspartikelgefüllter Thermoplaste«. In: *Dissertation, Technische Hochschule Darmstadt, Darmstadt* (1987).

[53] A. Hejjaji u. a. »Surface and machining induced damage characterization of abrasive water jet milled carbon/epoxy composite specimens and their impact on tensile behavior«. In: *Wear* 376-377 (2017), S. 1356–1364.

[54] M. Hohmann. *Kunststoffproduktion weltweit und in Europa bis 2020*. statistika, 2021.

[55] J. Hoła u. a. »Usefulness of 3D surface roughness parameters for nondestructive evaluation of pull-off adhesion of concrete layers«. In: *CONSTRUCTION AND BUILDING MATERIALS* 84 (2015), S. 111–120.

[56] H. Huang, X. Gao und L. Teng. »Fiber alignment and its effect on mechanical properties of UHPC: An overview: Review«. In: *CONSTRUCTION AND BUILDING MATERIALS* 296 (2021).

[57] G. B. Jeffery. »The motion of ellipsoidal particles immersed in a viscous fluid«. In: *Royal Society of London Proceedings Series* 102.715 (1922), S. 161–179.

[58] F. Johannaber und W. Michaeli. *Handbuch Spritzgießen*. 2. Aufl. München: Hanser, 2014.

[59] A. Kech u. a. »Mechanical Properties of Isotactic Polypropylene with Oriented and Corss-hatched Lamellae Structure«. In: Vol. 15, No. 2 (2000), S. 202–207.

[60] F. Kunkel. »Über das Deformationsverhalten von spritzgegossenen Bauteilen aus talkumgefüllten Thermoplasten unter dynamischer Beanspruchung«. Dissertation. Magdeburg: Otto-von-Guericke-Universität, 2017.

[61] M. E. Laeis. *Der Spritzguss thermoplastischer Massen*. 2. Auflage. München: Carl Hanser Verlag, 1956.

[62] S. Lechthaler. *Makroplastik in der Umwelt: Betrachtung terrestrischer und aquatischer Bereiche*. Springer eBook Collection. Wiesbaden: Springer Vieweg, 2020.

[63] Y. H. Lee u. a. »Characterization of fiber orientation in short fiber reinforced composites with an image processing technique«. In: *Materials Research Innovations* 6.2 (2002), S. 65–72.

[64] T. Lenau und T. Nissen. *Forming and Shaping Processes: Push-Pull Injection Moulding: Modtryksstøbning*. 1996.

[65] B. V. Lingesh, B. M. Rudresh und B. N. Ravikumar. »Effect of Short Glass Fibers on Mechanical Properties of Polyamide 66 and Polypropylene (PA66/PP) Thermoplastic Blend Composites«. In: *Procedia Materials Science* 5 (2014), S. 1231–1240.

[66] P. K. Mallick. *Fiber-Reinforced Composites: Materials, Manufacturing, and Design, Third Edition.* CRC Press, 2007.

[67] G. Menges und P. Geisbüsch. »Die Glasfaserorientierung und ihr Einfluß auf die mechanischen Eigenschaften thermoplastischer Spritzgießteile — Eine Abschätzmethode«. In: *Colloid and Polymer Science* 260.1 (1982), S. 73–81.

[68] B. Mlekusch. »Fibre orientation in short-fibre-reinforced thermoplastics II. Quantitative measurements by image analysis«. In: *Composites Science and Technology* 59.4 (1999), S. 547–560.

[69] B. Mlekusch. *Kurzfaserverstärkte Spritzgussteile - Vergleich zwischen berechneten und gemessenen Kenngrößen.* 7. Aufl. München: Carl Hanser Verlag, 1999.

[70] B. Mlekusch. »Thermoelastic properties of short-fibre-reinforced thermoplastics«. In: *Composites Science and Technology* 59.6 (1999), S. 911–923.

[71] S. Mönnich. »Entwicklung einer Methodik zur Parameteridentifikation für Orientierungsmodelle in Spritzgießsimulationen«. In: *Dissertation, Otto-von-Guericke-Universität Magdeburg* (2015).

[72] M. de Monte, E. Moosbrugger und M. Quaresimin. »Influence of temperature and thickness on the off-axis behaviour of short glass fibre reinforced polyamide 6.6 – Quasi-static loading«. In: *Composites Part A: Applied Science and Manufacturing* 41.7 (2010), S. 859–871.

[73] B. Mouhmid u. a. »A study of the mechanical behaviour of a glass fibre reinforced polyamide 6,6: Experimental investigation«. In: *Polymer Testing* 25.4 (2006), S. 544–552.

[74] B. Mouhmid u. a. »An experimental analysis of fracture mechanisms of short glass fibre reinforced polyamide 6,6 (SGFR-PA66)«. In: *Composites Science and Technology* 69.15-16 (2009), S. 2521–2526.

[75] R. M´Saoubi u. a. »A review of surface integrity in machining and its impact on functional performance and life of machined products«. In: *International Journal of Sustainable Manufacturing* 2008.1 (), S. 203–236.

[76] V. Müller. »Micromechanical modeling of short-fiber reinforced composites«. Dissertation. Karlsruhe Institute of Technology, 2015.

[77] V. Müller und T. Böhlke. »Prediction of effective elastic properties of fiber reinforced composites using fiber orientation tensors«. In: *Composites Science and Technology* 130 (2016), S. 36–45.

[78] V. Müller u. a. »Homogenization of elastic properties of short-fiber reinforced composites based on measured microstructure data«. In: *Journal of Composite Materials* Vol. 50.3 (2016), S. 297–312.

[79] C. Neff, M. Trapuzzano und N. B. Crane. »Impact of vapor polishing on surface quality and mechanical properties of extruded ABS«. In: *Rapid Prototyping Journal* 24.2 (2018), S. 501–508.

[80] C. Neff, M. Trapuzzano und N. B. Crane. »Impact of Vapor Polishing on Surface Roughness and Mechanical Properties for 3D Printed ABS«. In: *Solid Freeform Fabrication Symposium – An Additive Manufacturing Conference* (2016), S. 2295–2304.

[81] A. Nightingale. »Triangulation«. In: *International Encyclopedia of Human Geography*. Elsevier, 2009, S. 489–492.

[82] S. Palanivelu u. a. »Validation of digital image correlation technique for impact loading applications«. In: *Validation of digital image correlation technique for impact loading applications*. Hrsg. von S. Palanivelu u. a. Les Ulis, France: EDP Sciences, 2009, S. 373–379.

[83] L. V. Pastukhov u. a. »Influence of fiber orientation, temperature and relative humidity on the long–term performance of short glass fiber reinforced polyamide 6«. In: *Journal of Applied Polymer Science* 138.19 (2021), S. 50382.

[84] O. Pecat, R. Rentsch und E. Brinksmeier. »Influence of Milling Process Parameters on the Surface Integrity of CFRP«. In: *Procedia CIRP* 1 (2012), S. 466–470.

[85] J. Ruge und H. Wohlfahrt. *Technologie der Werkstoffe*. Wiesbaden: Springer Fachmedien Wiesbaden, 2013.

[86] Z. Sadik u. a. »Use of 2D image analysis method for measurement of short fibers orientation in polymer composites«. In: *Engineering Solid Mechanics* (2020), S. 233–244.

[87] A. Sang-Ook, L. Eun-Sang und N. Sang-Lai. »A study on the Cutting Characteristics of glass fiber reinforced plastics with respect to tool materials and geometries«. In: *Journal of Materials Processing Technology* 1997.68 (1997), S. 60–67.

[88] T. Sasayama u. a. »Prediction of failure properties of injection-molded short glass fiber-reinforced polyamide 6,6«. In: *Composites Part A: Applied Science and Manufacturing* 52 (2013), S. 45–54.

[89] H. Schürmann. *Konstruieren mit Faser-Kunststoff-Verbunden*. 2., bearbeitete und erweiterte Auflage. VDI-Buch. Berlin: Springer-Verlag, 2007.

[90] J. Y. Sheikh-Ahmad. *Machining of Polymer Composites*. Boston, MA: Springer US, 2009.

[91] K. Stępień. »Testing the Accuracy of Surface Roughness Measurements Carried out with a Portable Profilometer«. In: *Key Engineering Materials* 637 (2015), S. 69–73.

[92] M. Stommel, M. Stojek und W. H. Korte. *FEM zur Berechnung von Kunststoff- und Elastomerbauteilen*. 2., neu bearbeitete und erweiterte Auflage. München: Hanser, 2018.

[93] K. Tanaka u. a. »Effect of test temperature on fatigue crack propagation in injection molded plate of short-fiber reinforced plastics«. In: *Procedia Structural Integrity* 2 (2016), S. 58–65.

[94] K. Tanaka u. a. »Fatigue crack propagation in short-carbon-fiber reinforced plastics evaluated based on anisotropic fracture mechanics«. In: *International Journal of Fatigue* 92 (2016), S. 415–425.

[95] R. Teschner. *Glasfasern*. Berlin, Heidelberg: Springer Berlin Heidelberg, 2013.

[96] P. Thienel. »Der Formfullvorgang beim Spritzgiessen von Thermoplasten«. Dissertation. Aachen: RWTH, 1977.

[97] T. R. Thomas. *Rough surfaces*. 2. ed. London: Imperial College Press, 1999.

[98] E. Uhlmann u. a. »High Speed Cutting of Carbon Fibre Reinforced Plastics«. In: *Procedia Manufacturing* 6 (2016), S. 113–123.

[99] T. van Roo u. a. »On short glass fiber reinforced thermoplastics with high fiber orientation and the influence of surface roughness on mechanical parameters«. In: *Journal of Reinforced Plastics and Composites* 41.7-8 (2021), S. 296–308.

[100] VDI Verein Deutscher Ingenieure. *VDI 2225 Blatt 3 1998-11: Konstruktionsmethodik - Technisch-wirtschaftliches Konstruieren - Technisch-wirtschaftliche Bewertung*. 1998.

[101] L. Veltmaat, H.-J. Endres und F. Bittner. »Einfluss von Abweichungen der zugrundeliegenden Faserorientierungen auf die Struktursimulation von kurzfaserverstärkten Kunststoffen«. In: *Composites* 59 (2021), S. 56–63.

[102] R. Vinayagamoorthy. »A review on the machining of fiber-reinforced polymeric laminates«. In: *Journal of Reinforced Plastics and Composites* 37.1 (2018), S. 49–59.

[103] D. H. Wang, M. Ramulu und D. Arola. »Orthogonal Cutting mechanisms of Graphite-Epoxy-Composite. Part I: unidirectional Laminate«. In: *International Journal of Machine Tools and Manufacture* 1995.Vol 35, No 12 (1995), S. 1623–1638.

[104] D. H. Wang, M. Ramulu und D. Arola. »Orthogonal Cutting mechanisms of Graphite-Epoxy-Composite. Part II: Multi-directional Laminate«. In: *International Journal of Machine Tools and Manufacture* Vol 35, No 12 (1995), S. 1639–1648.

[105] F.-J. Wang u. a. »Heat partition in dry orthogonal cutting of unidirectional CFRP composite laminates«. In: *Composite Structures* 197 (2018), S. 28–38.

[106] H. Wang u. a. »Evaluation of cutting force and cutting temperature in milling carbon fiber-reinforced polymer composites«. In: *The International Journal of Advanced Manufacturing Technology* 82.9-12 (2016), S. 1517–1525.

[107] J. Wang und X. Jin. »Comparison of Recent Fiber Orientation Models in Autodesk Moldflow Insight Simulations with Measured Fiber Orientation Data«. In: *Proceedings of the Polymer Processing Society 26th Annual Meeting* (2010).

[108] J. Wang, J. F. O'Gara und C. L. Tucker. »An objective model for slow orientation kinetics in concentrated fiber suspensions: Theory and rheological evidence«. In: *Journal of Rheology* 52.5 (2008), S. 1179–1200.

[109] K. Waschitschek, J.deC Christiansen und U. Fritz. »Push-pull processing for morphology and fibre orientation control«. In: *Proceedings of Nordic Meetings on Materials and Mechanics* (2000), S. 129–137.

[110] K. Waschitschek, A. Kech und J.deC Christiansen. »Influence of push–pull injection moulding on fibres and matrix of fibre reinforced polypropylene«. In: *Composites Part A: Applied Science and Manufacturing* 33.5 (2002), S. 735–744.

[111] M.-D. Weitze und C. Berger. *Werkstoffe*. Berlin, Heidelberg: Springer Berlin Heidelberg, 2013.

[112] D. J. Whitehouse. *Surfaces and their measurement*. Kogan Page Science paper edition. London: Kogan Page Science, 2014.

[113] W. Xu und L. Zhang. »Mechanics of fibre deformation and fracture in vibration-assisted cutting of unidirectional fibre-reinforced polymer composites«. In: *International Journal of Machine Tools and Manufacture* 103 (2016), S. 40–52.

[114]   T. Zhang, J. R. G. Evans und M. J. Bevis. »Control of fibre orientation in injection moulded ceramic composites«. In: *Composites Part A: Applied Science and Manufacturing* 28.4 (1997), S. 339–346.

[115]   M. Zimmermann u. a. »Investigation of Chip Formation and Workpiece Load When Machining Carbon-fiber-reinforced-polymer (CFRP)«. In: *Procedia Manufacturing* 6 (2016), S. 124–131.

[116]   ZwickRoell. *Zugversuch Werkstoffprüfung: Anwendung.* 2.11.2022.

Anhang A

Versuchsprotokolle

A.1 Protokoll µ-CT: PBT GF 30

MCT-Fasererkennung
Messergebnisse für   A1-P2

__A1-P2--tol-100-fmc-050-fmin15-asym009-omc5E4-rad015005200--03298900-

merge4_GF-Dect

1. Bestimmung der Komponenten des Orientierungstensors in 20 Schichten über die Höhe.

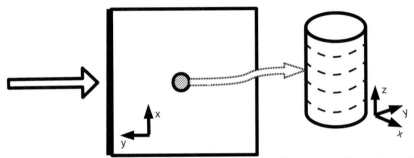

Abbildung 1: Probenpräparationsschema. Angussrichtung, Koordinatensystem (Unterseite z = 0) und Probeentnahmestelle in Mitte einer spritzgegossenen Platte.

Aus der Plattensektion des Prüfkörpers wurde zentral eine zylindrische Probe mit einem Durchmesser von 2 mm entnommen und die Angrussrichtung markiert (Y-Achse).
Das Prüfkörperkoordinatensystem wird wie folgt festgelegt: Die Y-Achse zeigt parallel zum Schmelzestrom, die Z-Achse steht senkrecht auf der Plattenebene. An der Prüfkörperunterseite sei Z=0 (siehe Abbildung 1).

Die Probe wurde mittels Mikrocomputertomographie mit einer Auflösung von 1,72 µm Voxelkantenlänge vermessen und das resultierende Volumenbild mittels einer LBF eigenen Software quantitativ analysiert. Insgesamt wurden 1147 Schnittbilder (1975 µm) rekonstruiert, wobei die unteren 27 (46 µm) Bilder nicht in die Auswertung aufgenommen wurden, d.h. die ausgewertete Gesamthöhe der Probe beträgt ca. 1844 µm.

Die Software bezog 3442 Fasern in die Berechnung des Orientierungstensors ein. Für die lokale Auswertung in 20 äquidistanten Z-Schichten erfolgte die Zuordnung der jeweiligen Faser eineindeutig über den Faserschwerpunkt. Insgesamt wurde eine mittlere Faserlänge von 211 µm und eine mittlere Faserdicke von 12,04 µm ermittelt, sodass bei einer Matrixdichte von ~1,31 g/cm^3 und einer Glasdichte von 2,55 g/cm^3 ca. 10 % des Faservolumens berücksichtigt wurde. Nicht berücksichtigt wurden Fasern deren Erkennungsgüte nicht ausreichend hoch, oder deren Aspektverhältnis unterhalb einer als noch richtungsabhängig verstärkend wirkenden Grenze (l_f / d_f < 3) lag.

__/home/likewise-open/LBF/mess_ms/_bigdata/2019-06-05-IntSim-vR/A1-P2/pre005-03298900/A1-P2--tol-100-fmc-050-fmin15-asym009-omc5E4-rad015005200--03298900---99312481/A1-P2--tol-100-fmc-050-fmin15-asym009-omc5E4-rad015005200--03298900-merge4.merge

1 / 8

Fraunhofer

LBF

1.1.   Bestimmung der lokalen Orientierungstensor-Hauptkomponenten

Die Software weist jeder erkannten Faser (Index k) einen Ort (p), eine Länge (Δz_k), einen Radius (r_k) und eine Richtung (n_k) zu. Mit diesen Angaben werden für jede Schicht die Komponenten des volumengewichteten Orientierungstensors wie folgt bestimmt:

$$a_{ij} = \frac{1}{\sum_{k=1}^{N} \Delta z_k \cdot r_k^2} \cdot \sum_{k=1}^{N} \Delta z_k \cdot r_k^2 \cdot (n_k)_i \cdot (n_k)_j \qquad (1)$$

Abbildung 2 zeigt den Verlauf der Hauptkomponenten (a_{xx}, a_{yy}, a_{zz}) des mit Gleichung (1) für jede Schicht ermittelten Orientierungstensors.
In Plattengeometrien ist zentral üblicherweise eine ausgeprägte Mittelschicht erkennbar, in der die Fasern quer zur Fließrichtung orientiert sind.
Die auf drei signifikate Stellen gerundeten Werte für jede Orientierungstensorkomponente inklusive der zugrunde liegenden Faseranzahl sind in Tabelle 1 aufgeführt.

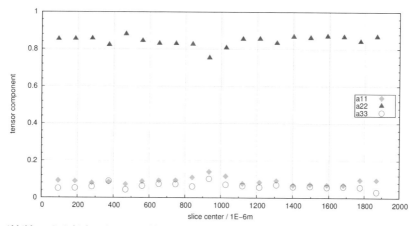

Abbildung 2: Schichtweise Entwicklung der Hauptkomponenten in Fließrichtung (a_{22}), senkrecht zur Fließrichtung in der Plattenebene (a_{11}) und senkrecht zur Plattenebene (a_{33}).

Die folgende Abbildung 3 zeigt die Verteilung der mittleren Intensität über die Probendicke, wobei ein erhöhter Faseranteil (Faser = schwarz, Intensität 0) die mittlere Intensität reduziert und ein verminderter Faseranteil die mittlere Intensität erhöht.

Fraunhofer
LBF

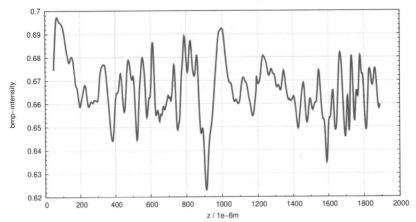

Abbildung 3: Durchschnittliche Intensität der Mikrocomputertomografie-Aufnamen.
Intensität(Schwarz ~ Faser) = 0, Intensität(Weiß ~ Matrix) = 1.

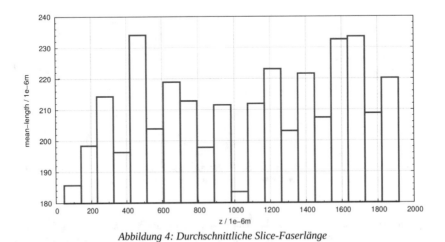

Abbildung 4: Durchschnittliche Slice-Faserlänge

Die folgende Abbildung 5 zeigt die erkannte mittlere Faserdicke in jedem Slice. Da der reale Faserdurchmesser wahrscheinlich konstant ist, können hiermit Rückschlüsse auf Bildqualität und Erken-

__/home/likewise-open/LBF/mess_ms/_bigdata/2019-06-05-IntSim-vR/A1-P2/pre005-03298900/A1-
P2--tol-100-fmc-050-fmin15-asym009-omc5E4-rad015005200--03298900---99312481/A1-P2--tol-
100-fmc-050-fmin15-asym009-omc5E4-rad015005200--03298900-merge4.merge
3 / 8

MCT-Fasererkennung
Messergebnisse für   A1-P2

Fraunhofer
LBF

nungsqualität gezogen werden. Die Gesamtverteilung der erkannten Radien ist in Abbildung 6 darge-stellt.

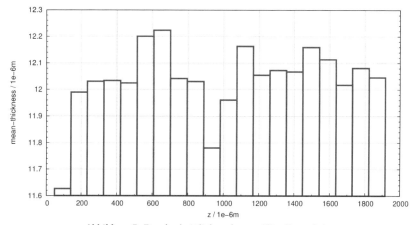

Abbildung 5: Durchschnittliche erkannte Slice-Faserdicke

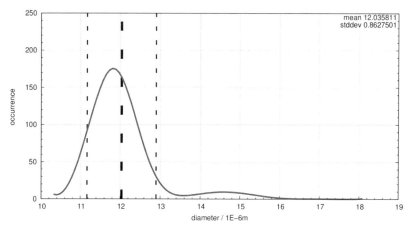

Abbildung 6: Verteilung der Faserdurchmesser, Mittelwert, Standardabweichung.

MCT-Fasererkennung
Messergebnisse für   A1-P2

≋ **Fraunhofer**
LBF

Schnitt-mitte µm	Faser-anzahl	Orientierungstensorkomponenten								
		a_{11}	a_{12}	a_{13}	a_{21}	a_{22}	a_{23}	a_{31}	a_{32}	a_{33}
93,22	185	9,2E-2	-7,5E-4	5,0E-3	-7,5E-4	8,5E-1	7,0E-3	5,0E-3	7,0E-3	5,0E-2
186,69	170	8,9E-2	1,2E-2	-1,6E-4	1,2E-2	8,5E-1	8,3E-3	-1,6E-4	8,3E-3	5,2E-2
280,15	183	7,9E-2	5,7E-3	3,4E-3	5,7E-3	8,6E-1	6,4E-3	3,4E-3	6,4E-3	6,0E-2
373,61	181	8,4E-2	1,9E-2	8,1E-3	1,9E-2	8,2E-1	2,9E-2	8,1E-3	2,9E-2	8,9E-2
467,08	173	7,2E-2	1,7E-2	-5,6E-4	1,7E-2	8,8E-1	2,5E-3	-5,6E-4	2,5E-3	4,3E-2
560,54	197	8,7E-2	2,8E-2	1,3E-2	2,8E-2	8,4E-1	2,3E-3	1,3E-2	2,3E-3	6,3E-2
654	165	9,2E-2	2,0E-2	7,1E-3	2,0E-2	8,3E-1	8,5E-3	7,1E-3	8,5E-3	7,4E-2
747,47	170	9,4E-2	3,5E-3	-8,0E-4	3,5E-3	8,3E-1	2,1E-2	-8,0E-4	2,1E-2	7,3E-2
840,93	152	1,1E-1	3,7E-2	1,9E-4	3,7E-2	8,3E-1	3,4E-2	1,9E-4	3,4E-2	6,0E-2
934,39	169	1,4E-1	1,9E-1	9,8E-3	1,9E-1	7,5E-1	3,3E-2	9,8E-3	3,3E-2	1,0E-1
1027,86	170	1,2E-1	1,6E-2	5,2E-3	1,6E-2	8,1E-1	-3,4E-4	5,2E-3	-3,4E-4	7,0E-2
1121,32	172	7,6E-2	3,7E-2	2,3E-3	3,7E-2	8,6E-1	3,9E-2	2,3E-3	3,9E-2	6,4E-2
1214,78	158	8,3E-2	3,7E-2	3,3E-4	3,7E-2	8,6E-1	1,5E-2	3,3E-4	1,5E-2	5,7E-2
1308,25	196	9,3E-2	1,1E-2	4,8E-3	1,1E-2	8,3E-1	1,4E-2	4,8E-3	1,4E-2	6,9E-2
1401,71	174	6,8E-2	4,3E-2	-8,5E-4	4,3E-2	8,7E-1	2,0E-2	-8,5E-4	2,0E-2	5,9E-2
1495,17	184	7,2E-2	2,5E-2	5,5E-3	2,5E-2	8,6E-1	3,2E-2	5,5E-3	3,2E-2	6,1E-2
1588,64	154	6,9E-2	2,2E-2	1,9E-3	2,2E-2	8,7E-1	2,7E-2	1,9E-3	2,7E-2	5,7E-2
1682,1	173	6,9E-2	5,9E-3	6,0E-3	5,9E-3	8,7E-1	3,0E-2	6,0E-3	3,0E-2	6,0E-2
1775,56	183	9,6E-2	1,3E-2	5,5E-3	1,3E-2	8,4E-1	1,0E-2	5,5E-3	1,0E-2	5,7E-2
1869,03	133	9,5E-2	2,8E-2	9,0E-3	2,8E-2	8,7E-1	1,4E-2	9,0E-3	1,4E-2	3,1E-2

Tabelle 1: Vollständige Angabe der Orientierungstensorkomponenten, einschließlich der zugrunde liegenden Faseranzahl.

__/home/likewise-open/LBF/mess_ms/_bigdata/2019-06-05-IntSim-vR/A1-P2/pre005-03298900/A1-P2--tol-100-fmc-050-fmin15-asym009-omc5E4-rad015005200--03298900---99312481/A1-P2--tol-100-fmc-050-fmin15-asym009-omc5E4-rad015005200--03298900-merge4.merge

5 / 8

LBF

2. Bestimmung der Faserlängenverteilung

Die Faserlängenverteilung der gesamten Probe ist in Abbildung 2 grafisch, sowie in Tabelle 2 inklusive Intervallmittelpunkten dargestellt.

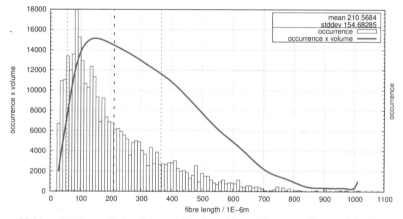

Abbildung 7:Volumen (rot) und Anzahl (blau) gewichtete Längenverteilung und der Fasern

Mitte des Längen-intervalls in µm	Anzahl der Fasern	Mitte des Längen-intervalls in µm	Anzahl der Fasern
28	71	165	73
37	116	175	98
47	117	185	78
57	142	195	73
67	127	205	72
77	144	215	65
87	191	224	66
96	162	234	63
106	137	244	59
116	113	254	55
126	109	264	38
136	131	274	51
146	120	284	53
156	99	293	52

__/home/likewise-open/LBF/mess_ms/_bigdata/2019-06-05-IntSim-vR/A1-P2/pre005-03298900/A1-P2--tol-100-fmc-050-fmin15-asym009-omc5E4-rad015005200--03298900---99312481/A1-P2--tol-100-fmc-050-fmin15-asym009-omc5E4-rad015005200--03298900-merge4.merge

MCT-Fasererkennung
Messergebnisse für   A1-P2

Fraunhofer
LBF

Mitte des Längen-intervalls in µm	Anzahl der Fasern
303	43
313	39
323	27
333	46
343	29
352	41
362	28
372	29
382	28
392	30
402	30
412	32
421	24
431	21
441	22
451	20
461	14
471	17
480	27
490	10
500	19
510	16
520	16
530	12
540	9
549	7
559	10
569	12
579	8
589	9
599	9

Mitte des Längen-intervalls in µm	Anzahl der Fasern
608	8
618	12
628	5
638	4
648	6
658	6
668	4
677	5
687	4
697	3
707	1
717	0
727	1
736	2
746	5
756	0
766	4
776	1
786	3
796	0
805	1
815	1
825	1
835	0
845	0
855	0
864	0
874	1
884	0
894	0
904	2

__/home/likewise-open/LBF/mess_ms/_bigdata/2019-06-05-IntSim-vR/A1-P2/pre005-03298900/A1-P2--tol-100-fmc-050-fmin15-asym009-omc5E4-rad015005200--03298900---99312481/A1-P2--tol-100-fmc-050-fmin15-asym009-omc5E4-rad015005200--03298900-merge4.merge

MCT-Fasererkennung
Messergebnisse für   A1-P2

Mitte des Längen-intervalls in µm	Anzahl der Fasern
914	0
924	0
933	0
943	0
953	1
963	0

Mitte des Längen-intervalls in µm	Anzahl der Fasern
973	1
983	0
992	0
1002	0
1012	1

Tabelle 2: Faserlängenverteilung innerhalb automatisch bestimmter Intervallgrenzen.

__/home/likewise-open/LBF/mess_ms/_bigdata/2019-06-05-IntSim-vR/A1-P2/pre005-03298900/A1-P2--tol-100-fmc-050-fmin15-asym009-omc5E4-rad015005200--03298900---99312481/A1-P2--tol-100-fmc-050-fmin15-asym009-omc5E4-rad015005200--03298900-merge4.merge

8 / 8

A.2 Protokoll µ-CT: PA GF 30

<u>MCT-Fasererkennung</u>
<u>Messergebnisse für   PA66GF30 P1</u>   **LBF**

__PA66GF30_P1--tol-100-fmc-050-fmin15-asym009-omc5E4-rad015005200--03610003-
merge4_GF-Dect

1.   Bestimmung der Komponenten des Orientierungstensors in 20 Schichten über die Höhe.

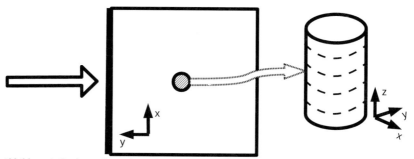

*Abbildung 1: Probenpräparationsschema. Angussrichtung, Koordinatensystem (Unterseite z = 0)
und Probeentnahmestelle in Mitte einer spritzgegossenen Platte.*

Aus der Plattensektion des Prüfkörpers wurde zentral eine zylindrische Probe mit einem Durchmesser
von 2 mm entnommen und die Angussrichtung markiert (Y-Achse).
Das Prüfkörperkoordinatensystem wird wie folgt festgelegt: Die Y-Achse zeigt parallel zum
Schmelzestrom, die Z-Achse steht senkrecht auf der Plattenebene. An der Prüfkörperunterseite sei
Z=0 (siehe Abbildung 1).

Die Probe wurde mittels Mikrocomputertomographie mit einer Auflösung von 1,72 µm
Voxelkantenlänge vermessen und das resultierende Volumenbild mittels einer LBF eigenen Software
quantitativ analysiert. Insgesamt wurden 1193 Schnittbilder (2054 µm) rekonstruiert, wobei die
unteren 61 (105 µm) Bilder nicht in die Auswertung aufgenommen wurden, d.h. die ausgewertete
Gesamthöhe der Probe beträgt ca. 1877 µm.

Die Software bezog 13880 Fasern in die Berechnung des Orientierungstensors ein. Für die lokale
Auswertung in 20 äquidistanten Z-Schichten erfolgte die Zuordnung der jeweiligen Faser
eineindeutig über den Faserschwerpunkt. Insgesamt wurde eine mittlere Faserlänge von 213 µm und
eine mittlere Faserdicke von 11,88 µm ermittelt, sodass bei einer Matrixdichte von ~1,13 g/cm^3 und
einer Glasdichte von 2,55 g/cm^3 ca. 45 % des Faservolumens berücksichtigt wurde. Nicht
berücksichtigt wurden Fasern deren Erkennungsgüte nicht ausreichend hoch, oder deren
Aspektverhältnis unterhalb einer als noch richtungsabhängig verstärkend wirkenden Grenze
(l_f / d_f < 3) lag.

__/media/sf_big_data/2019-11-28-Rahn_IntSim_BA/PA66GF30_P1/pre005-03610003/
PA66GF30_P1--tol-100-fmc-050-fmin15-asym009-omc5E4-rad015005200--03610003---38825317/
PA66GF30_P1--tol-100-fmc-050-fmin15-asym009-omc5E4-rad015005200--03610003-
merge4.merge   1 / 8

MCT-Fasererkennung
Messergebnisse für   PA66GF30_P1   **LBF**

1.1.   Bestimmung der lokalen Orientierungstensor-Hauptkomponenten

Die Software weist jeder erkannten Faser (Index k) einen Ort (p), eine Länge (Δz_k), einen Radius (r_k) und eine Richtung (n_k) zu. Mit diesen Angaben werden für jede Schicht die Komponenten des volumengewichteten Orientierungstensors wie folgt bestimmt:

$$a_{ij} = \frac{1}{\sum_{k=1}^{N} \Delta z_k \cdot r_k^2} \cdot \sum_{k=1}^{N} \Delta z_k \cdot r_k^2 \cdot (n_k)_i \cdot (n_k)_j \qquad (1)$$

Abbildung 2 zeigt den Verlauf der Hauptkomponenten (a_{xx}, a_{yy}, a_{zz}) des mit Gleichung (1) für jede Schicht ermittelten Orientierungstensors.
In Plattengeometrien ist zentral üblicherweise eine ausgeprägte Mittelschicht erkennbar, in der die Fasern quer zur Fließrichtung orientiert sind.
Die auf drei signifikate Stellen gerundeten Werte für jede Orientierungstensorkomponente inklusive der zugrunde liegenden Faseranzahl sind in Tabelle 1 aufgeführt.

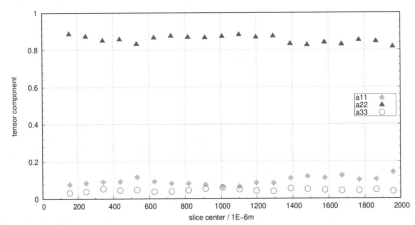

Abbildung 2: Schichtweise Entwicklung der Hauptkomponenten in Fließrichtung (a_{22}), senkrecht zur Fließrichtung in der Plattenebene (a_{11}) und senkrecht zur Plattenebene (a_{33}).

Die folgende Abbildung 3 zeigt die Verteilung der mittleren Intensität über die Probendicke, wobei ein erhöhter Faseranteil (Faser = schwarz, Intensität 0) die mittlere Intensität reduziert und ein verminderter Faseranteil die mittlere Intensität erhöht.

__/media/sf_big_data/2019-11-28-Rahn_IntSim_BA/PA66GF30_P1/pre005-03610003/
PA66GF30_P1--tol-100-fmc-050-fmin15-asym009-omc5E4-rad015005200--03610003---38825317/
PA66GF30_P1--tol-100-fmc-050-fmin15-asym009-omc5E4-rad015005200--03610003-
merge4.merge   2 / 8

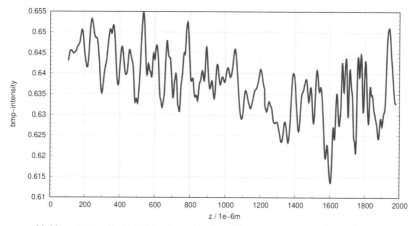

Abbildung 3: Durchschnittliche Intensität der Mikrocomputertomografie-Aufnamen.
Intensität(Schwarz ~ Faser) = 0, Intensität(Weiß ~ Matrix) = 1.

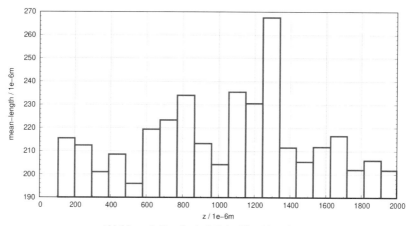

Abbildung 4: Durchschnittliche Slice-Faserlänge

Die folgende Abbildung 5 zeigt die erkannte mittlere Faserdicke in jedem Slice. Da der reale Faserdurchmesser wahrscheinlich konstant ist, können hiermit Rückschlüsse auf Bildqualität und

___/media/sf_big_data/2019-11-28-Rahn_IntSim_BA/PA66GF30_P1/pre005-03610003/
PA66GF30_P1--tol-100-fmc-050-fmin15-asym009-omc5E4-rad015005200--03610003---38825317/
PA66GF30_P1--tol-100-fmc-050-fmin15-asym009-omc5E4-rad015005200--03610003-
merge1.merge   3 / 8

Fraunhofer
LBF

MCT-Fasererkennung
Messergebnisse für   PA66GF30_P1

Erkennungsqualität gezogen werden. Die Gesamtverteilung der erkannten Radien ist in Abbildung 6 dargestellt.

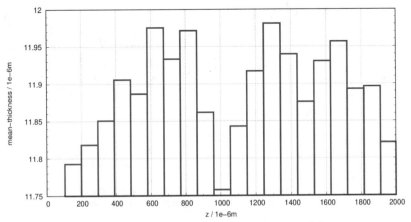

Abbildung 5: Durchschnittliche erkannte Slice-Faserdicke

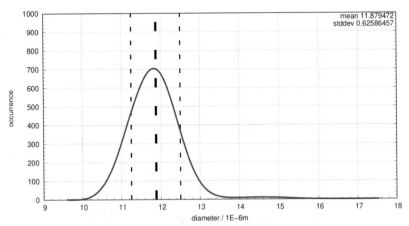

Abbildung 6: Verteilung der Faserdurchmesser, Mittelwert, Standardabweichung.

__/media/sf_big_data/2019-11-28-Rahn_IntSim_BA/PA66GF30_P1/pre005-03610003/
PA66GF30_P1--tol-100-fmc-050-fmin15-asym009-omc5E4-rad015005200--03610003---38825317/
PA66GF30_P1--tol-100-fmc-050-fmin15-asym009-omc5E4-rad015005200--03610003-
merge4.merge   4 / 8

MCT-Fasererkennung
Messergebnisse für   PA66GF30_P1

≡ **Fraunhofer**
LBF

Schnitt-mitte µm	Faser-anzahl	Orientierungstensorkomponenten								
		a_{11}	a_{12}	a_{13}	a_{21}	a_{22}	a_{23}	a_{31}	a_{32}	a_{33}
152,53	564	7,7E-2	6,9E-2	-6,3E-4	6,9E-2	8,9E-1	7,5E-3	-6,3E-4	7,5E-3	3,2E-2
247,52	562	8,4E-2	4,4E-2	-8,1E-4	4,4E-2	8,7E-1	7,5E-3	-8,1E-4	7,5E-3	3,9E-2
342,51	571	9,1E-2	2,0E-2	-9,9E-4	2,0E-2	8,5E-1	9,1E-3	-9,9E-4	9,1E-3	5,4E-2
437,5	570	9,2E-2	2,1E-2	1,1E-3	2,1E-2	8,6E-1	3,1E-3	1,1E-3	3,1E-3	4,6E-2
532,5	596	1,2E-1	1,2E-2	3,9E-3	1,2E-2	8,3E-1	7,0E-3	3,9E-3	7,0E-3	4,7E-2
627,49	540	9,2E-2	2,3E-2	1,8E-3	2,3E-2	8,7E-1	1,2E-2	1,8E-3	1,2E-2	3,7E-2
722,48	546	8,2E-2	3,5E-2	-8,3E-5	3,5E-2	8,8E-1	3,4E-3	-8,3E-5	3,4E-3	3,9E-2
817,47	525	8,2E-2	1,1E-1	3,7E-3	1,1E-1	8,7E-1	1,5E-2	3,7E-3	1,5E-2	4,5E-2
912,46	544	7,6E-2	2,0E-2	3,3E-3	2,0E-2	8,7E-1	2,0E-3	3,3E-3	2,0E-3	5,4E-2
1007,45	535	6,3E-2	3,0E-2	3,6E-3	3,0E-2	8,7E-1	2,3E-2	3,6E-3	2,3E-2	5,9E-2
1102,44	555	6,5E-2	1,1E-2	4,8E-3	1,1E-2	8,8E-1	2,9E-2	4,8E-3	2,9E-2	5,0E-2
1197,43	525	8,5E-2	1,2E-1	8,1E-6	1,2E-1	8,7E-1	1,6E-2	8,1E-6	1,6E-2	4,3E-2
1292,42	573	8,3E-2	1,0E-1	-6,4E-5	1,0E-1	8,7E-1	1,0E-2	-6,4E-5	1,0E-2	3,9E-2
1387,41	598	1,1E-1	5,1E-3	6,4E-4	5,1E-3	8,3E-1	5,3E-3	6,4E-4	5,3E-3	5,5E-2
1482,4	604	1,2E-1	8,3E-2	1,8E-3	8,3E-2	8,3E-1	5,5E-3	1,8E-3	5,5E-3	5,1E-2
1577,39	573	1,1E-1	5,4E-2	-1,3E-4	5,4E-2	8,4E-1	8,0E-3	-1,3E-4	8,0E-3	4,6E-2
1672,38	560	1,2E-1	-2,2E-4	1,2E-3	-2,2E-4	8,3E-1	6,8E-4	1,2E-3	6,8E-4	4,3E-2
1767,38	615	1,0E-1	3,0E-2	3,8E-3	3,0E-2	8,5E-1	6,2E-3	3,8E-3	6,2E-3	4,3E-2
1862,37	634	1,0E-1	6,9E-3	1,6E-3	6,9E-3	8,4E-1	1,3E-4	1,6E-3	1,3E-4	4,8E-2
1957,36	400	1,4E-1	5,1E-2	3,5E-3	5,1E-2	8,2E-1	3,9E-3	3,5E-3	3,9E-3	3,9E-2

Tabelle 1: Vollständige Angabe der Orientierungstensorkomponenten, einschließlich der zugrunde liegenden Faseranzahl.

__/media/sf_big_data/2019-11-28-Rahn_IntSim_BA/PA66GF30_P1/pre005-03610003/
PA66GF30_P1--tol-100-fmc-050-fmin15-asym009-omc5E4-rad015005200--03610003---38825317/
PA66GF30_P1--tol-100-fmc-050-fmin15-asym009-omc5E4-rad015005200--03610003-
merge1.merge   5 / 8

MCT-Fasererkennung
Messergebnisse für   PA66GF30_P1   LBF

2.   Bestimmung der Faserlängenverteilung

Die Faserlängenverteilung der gesamten Probe ist in Abbildung 2 grafisch, sowie in Tabelle 2
inklusive Intervallmittelpunkten dargestellt.

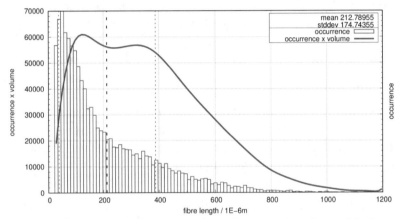

Abbildung 7:Volumen (rot) und Anzahl (blau) gewichtete Längenverteilung und der Fasern

Mitte des Längen-intervalls in µm	Anzahl der Fasern	Mitte des Längen-intervalls in µm	Anzahl der Fasern
28	688	191	290
39	810	203	283
51	848	215	248
63	748	226	252
74	721	238	213
86	686	250	210
98	664	261	224
109	590	273	205
121	524	285	201
133	486	296	200
144	392	308	175
156	399	320	181
168	362	331	159
180	303	343	193

__/media/sf_big_data/2019-11-28-Rahn_IntSim_BA/PA66GF30_P1/pre005-03610003/
PA66GF30_P1--tol-100-fmc-050-fmin15-asym009-omc5E4-rad015005200--03610003---38825317/
PA66GF30_P1--tol-100-fmc-050-fmin15-asym009-omc5E4-rad015005200--03610003-
merge4.merge   6 / 8

MCT-Fasererkennung
Messergebnisse für   PA66GF30 P1

Fraunhofer
LBF

Mitte des Längen-intervalls in μm	Anzahl der Fasern	Mitte des Längen-intervalls in μm	Anzahl der Fasern
355	171	717	23
366	167	729	22
378	129	740	16
390	151	752	13
402	136	764	13
413	117	776	7
425	135	787	10
437	112	799	10
448	102	811	10
460	91	822	9
472	101	834	7
483	91	846	5
495	88	857	8
507	61	869	10
518	75	881	3
530	62	892	5
542	57	904	3
553	64	916	1
565	66	927	5
577	61	939	4
589	40	951	2
600	45	963	0
612	37	974	3
624	48	986	1
635	45	998	5
647	33	1009	1
659	22	1021	1
670	29	1033	1
682	28	1044	0
694	23	1056	2
705	33	1068	0

__/media/sf_big_data/2019-11-28-Rahn_IntSim_BA/PA66GF30_P1/pre005-03610003/
PA66GF30_P1--tol-100-fmc-050-fmin15-asym009-omc5E4-rad015005200--03610003---38825317/
PA66GF30_P1--tol-100-fmc-050-fmin15-asym009-omc5E4-rad015005200--03610003-
merge4.merge

MCT-Fasererkennung
Messergebnisse für   PA66GF30_P1

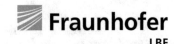
Fraunhofer
LBF

Mitte des Längen-intervalls in µm	Anzahl der Fasern
1079	0
1091	1
1103	1
1114	0
1126	0
1138	1

Mitte des Längen-intervalls in µm	Anzahl der Fasern
1150	1
1161	0
1173	0
1185	0
1196	1

Tabelle 2: Faserlängenverteilung innerhalb automatisch bestimmter Intervallgrenzen.

__/media/sf_big_data/2019-11-28-Rahn_IntSim_BA/PA66GF30_P1/pre005-03610003/
PA66GF30_P1--tol-100-fmc-050-fmin15-asym009-omc5E4-rad015005200--03610003---38825317/
PA66GF30_P1--tol-100-fmc-050-fmin15-asym009-omc5E4-rad015005200--03610003-
merge4.merge   8 / 8

Danksagung

Es ist Dienstag Abend und meine nahezu fertige Dissertationsschrift leuchtet mir von meinem Monitor entgegen. Die vorliegende Arbeit entstand während meiner Tätigkeit in der Arbeitsgruppe Mechanik und Simulation im Bereich Kunststoffe des Fraunhofer-Instituts für Systemzuverlässigkeit und Betriebsfestigkeit LBF in Darmstadt und in regem Austausch mit dem Institut für Mechanik und Materialforschung IMM der Technischen Hochschule Mittelhessen in Gießen.

Danken möchte ich an aller erster Stelle Prof. Dr.-Ing. habil. Stefan Kolling, der mein Promotionsvorhaben stets unterstützte. Durch seine wertvollen Kommentare und Denkanstöße wuchs diese Arbeit zu dem was sie nun ist. Ebenso bedanke ich mich bei Prof. Dr. Peter Klar für die Übernahme der Betreuung. Er betrachtete meine Arbeit aus einem neuen Blickwinkel.

Weiterhin gilt mein Dank dir, lieber Felix (der große Dr. Dill alias Dr.-Ing. Felix Dillenberger). Neben dem Einfädeln von außergewöhnlichen Vertragssituationen hast du mir mit deinem umfassenden Fachwissen jederzeit zur Seite gestanden. Du hast mich gleichermaßen in wissenschaftlichen Fragestellungen, meiner Persönlichkeitsentwicklung und neuen Ideen zur Gestaltung unseres Arbeitsalltags unterstützt. Dafür danke ich dir.

Als außergewöhnliche Einrichtung empfand ich das regelmäßige Doktorandenseminar. Neben den genannten danke ich Prof. Dr.-Ing. Jens Schneider und Prof. Dr.-Ing. Ulrich Knaack sowie Steffen, Marcel, Christiopher, Marcus und den anderen Doktoranden für die intensiven fachlichen Gespräche und fruchtbaren Diskussionen bis teils spät in die Nacht.

During my PhD, I stayed in Antibes, France for a research study at CEMEF. My time at CEMEF will always remain a special experience in my life. I wanted to convey my heartfelt gratitude to Jean-Luc Bouvard and Pierre Montmitonnet for their warm welcome and the valuable support. I would also like to thank my motivated French colleagues: Guillaume, Christoph, Gabi, Vincent, Marion, Nitish, Franco, Nathan, Laurianne, Laurianne (Plant-Laurianne), Leyne and Corentin. You have made my PhD experience particularly wonderful with incredible professional input, and many espressos and croissants! Thank you Carlos for the after-work bicycle tours to stunning views where we were able to catch the sunset! Erel, Erik and Quentin, thank you for the regular visits to the pub for quiz nights, and our few

© Der/die Herausgeber bzw. der/die Autor(en), exklusiv lizenziert an
Springer Fachmedien Wiesbaden GmbH, ein Teil von Springer Nature 2024
T. van Roo, *Einfluss der Oberflächenrauigkeit auf die mechanischen
Eigenschaften hochorientierter kurzglasfaserverstärkter thermoplastischer
Polymere*, Mechanik, Werkstoffe und Konstruktion im Bauwesen 72,
https://doi.org/10.1007/978-3-658-43618-6

wins! Last but not the least, a special thanks to Quentin for your French lessons, beach nights, car rally visits and hiking adventures!

Das institutsinterne Dok-Kolloq (Doktorandenkolloquium) hast du, Mini alias Dr.-Ing. Felix Weidmann, ins Leben gerufen. Danke dir, Felix, Sascha alias Dr.-Ing. Alexander Knieper, Prof. Dr.-Ing. Dominik Laveuve und AlForno alias Markus Fornoff für den konstanten Austausch. Nicht unerwähnt möchte ich auch die seltenen aber dafür um so spaßigeren Frisbee-, Tischtennis- und Kicker-Events sowie den Stammtisch nennen.

Ohne den direkten Austausch mit meinen Kollegen wäre meine Arbeit sehr trist. Kurzzeitig mussten wir das isolierte Arbeiten ausprobieren, ja, ich spreche von der Anfangszeit der Pandemie. E-Kaffee und Online-Mittagspause sind aus meiner Sicht zwar ganz schön, aber ersetzen keine Fachgespräche auf dem Flur und auch nicht den informellen Austausch in der Kaffee-Küche. Danke an Axel, du bist das lebendige Wiki und mein Foto-Berater. Ein Hoch auf 105 Jahre Zwick-Erfahrung! Danke an Vladimir, Reinhold, Christian, Joachim, Alexandra, Shilpa und alle anderen Kolleginnen und Kollegen vom LBF. Die Schreibwerkstatt mit dir, liebe Franzi, war eine super Sache - ich sag nur: wir sind motiviert! Auch das Mittagspausenschwimmen mit dir und Hazal, Annika und Christian hat mir einen guten Ausgleich zur Institutsarbeit geschaffen. Ines, danke für deine Geduld in allen organisatorischen Angelegenheiten. Danke auch an Stefan, Milan und Claas vom CompositeEngineer. Ich freue mich auf die weiteren Runden des Grundlagenmoduls mit euch.

Meinen Dank und ein großes Lob schreibe ich an dieser Stelle den Studenten zu, die sich in kurzer Zeit in mein Thema eingearbeitet und ihren Beitrag zu dieser Arbeit geleistet haben. Ihr habt tolle Ideen mitgebracht und mich als Betreuerin ausgebildet. Danke an Nilesh, Mo alias Mohamed, Jaswant, Fabian, Ulrich, Andi alias Andreas, Mr. Mager alias Conor und den Referenz-Kevin alias Kevin. Ihr habt das SUp! (sprich: ssssUP! das Studierenden-Update) mit Leben gefüllt, wir hatten anregende Diskussionen und spannende Vorträge.

MentoringHessen hat mir eine tolle Peergruppe bereitgestellt. Danke Stefanie, Meiling, Lisa und Sylvia für die vertrauensvollen Gespräche! Besonders schätze ich die bis heute anhaltende Freundschaft zu meiner Mentorin Prof. Dr. Christina Trautmann. Danke für die vielen Gespräche, deine aufrichtigen Antworten und deine Fragen an mich.

Ich könnte mich noch eine Weile weiter bedanken. Nicht, weil es eine höfliche deutsche Geste ist, sondern weil ich am Ende meiner Promotionsphase auf eine sehr gute und lebhafte Zeit zurückblicke. Ohne die Menschen, die mich auf Abschnitten oder dem gesamten Weg begleitet haben wäre alles anders gekommen - ich vermute nicht besser. Daher freue ich mich Bekanntschaft mit meinen Kommilitonen gemacht zu haben. Hervorheben möchte ich hier Sebastian, Simon, Ruben, Tobi und Nick, sowie Sergej, Sascha, Hannes und Tim.

Besonders möchte ich den fleißigen Lesern danken, die meine Arbeit sorgfältig durchgegangen sind und jedes kleinste Detail kommentierten. Danke Mini, danke Matthias, danke Papa, danke Sascha! Thank you Pooja for proofreading. You are my favorite roommate and like my own sister in a Sari!

Ein großer Dank gilt meinen lieben Freunden. Mit Unternehmungslust, stets einem offenen Ohr, Sportbegeisterung, nur einen Anruf entfernt und immer bereit eine Packliste zu schreiben seid ihr für mich da. Danke Moritz für die viele schöne Zeit. Besonders hervorheben möchte ich Alex und Sarah, ihr seid wunderbar. Danke an die „Platscheentchen" und die „Hochzeitsgäste" aus Bonn!

Zu guter Letzt bedanke ich mich bei meiner Familie. Mama, Papa, ihr habt mir das Studieren ermöglicht und mir damit ein Studentenleben geschenkt, wie ich es mir nicht besser hätte wünschen können. Auf euren Rat und eure Unterstützung kann ich mich immer verlassen! Bias, Dede, ihr seid die besten Brüder! Danke für eure Einschätzungen als fachfremde Jury.

Jens-David, ich danke dir, dass du mich so annimmst, wie ich bin und mich gleichzeitig fragst, wie ich werden möchte. Danke, dass du für mich da bist und mich ermutigst.

Printed in the United States
by Baker & Taylor Publisher Services